바쁜 친구들이 즐거워지는 **빠른** 학습법 — 서술형 기본서

징검다리 교육연구소 최순미 지음

나 혼자 푼다!
수학 문장제

초등
3-1

새 교육과정 완벽 반영!
I학기 교과서 순서와 똑같아
공부하기 좋아요!

이지스에듀

저자 소개

최순미 선생님은 징검다리 교육연구소의 대표 저자입니다. 이지스에듀에서 《바쁜 5·6학년을 위한 빠른 연산법》과 《바쁜 3·4학년을 위한 빠른 연산법》, 《바쁜 1·2학년을 위한 빠른 연산법》 시리즈를 집필, 새로운 교육과정에 걸맞은 연산 교재로 새 바람을 불러일으켰습니다. 지난 20여 년 동안 EBS, 두산동아, 디딤돌, 대교 등과 함께 100여 종이 넘는 교재 개발에 참여해 왔으며 《EBS 초등 기본서 만점왕》, 《EBS 만점왕 평가문제집》 등의 참고서 외에도 《눈높이수학》, 《철저반복 연산》 등 수십 종의 연산 교재 개발에 참여해 온, 초등 수학 전문 개발자입 니다.

징검다리 교육연구소는 적은 시간을 투입해도 오래 기억에 남는 학습의 과학을 생각하는 이지스에듀의 공부 연구소입니다. 아이들이 기계적으로 공부하지 않고, 두뇌가 활성화되는 과학적 학습 설계가 적용된 책을 만듭니다.

바쁜 친구들이 즐거워지는 빠른 학습법 - 바빠 시리즈

나 혼자 푼다! 수학 문장제 - 3학년 1학기

초판 발행 | 2018년 2월 7일
초판 9쇄 | 2024년 9월 10일
지은이 | 징검다리 교육연구소 최순미
발행인 | 이지연
펴낸곳 | 이지스퍼블리싱(주)
출판사 등록번호 | 제313-2010-123호
주소 | 서울시 마포구 잔다리로 109 이지스 빌딩 5층(우편번호 04003)
대표전화 | 02-325-1722   **팩스** | 02-326-1723
이지스퍼블리싱 홈페이지 | www.easyspub.com   **이지스에듀 카페** | www.easysedu.co.kr
바빠 아지트 블로그 | blog.naver.com/easyspub   **인스타그램** | @easys_edu
페이스북 | www.facebook.com/easyspub2014   **이메일** | service@easyspub.co.kr

기획 및 책임 편집 | 최순미, 박지연, 정지연, 조은미, 김현주, 이지혜 **일러스트** | 김학수, 아이에스
표지 디자인 | 김학수, 이근공, 정우영 **내지 디자인** | 아이에스 **전산편집** | 아이에스 **인쇄** | 보광문화사
영업 및 문의 | 이주동, 김요한(support@easyspub.co.kr) **독자 지원** | 박애림, 김수경 **마케팅** | 라혜주

ISBN 979-11-88612-74-1 64410
ISBN 979-11-87370-61-1(세트)
가격 9,000원

알찬 교육 정보도 만나고 출판사 이벤트에도 참여하세요!

1. 바빠 공부단 카페
cafe.naver.com/easyispub

2. 인스타그램
@easys_edu

3. 카카오 플러스 친구
이지스에듀 검색!

• **이지스에듀**는 이지스퍼블리싱의 교육 브랜드입니다.

(이지스에듀는 아이들을 탈락시키지 않고 모두 목적지까지 데리고 가는 책을 만듭니다!)

문장제도 나 혼자 푼다!

 문장제는 계산력과 이해력, 독해력이 모두 필요합니다.

연산 문제는 잘 풀던 친구들도 문장제를 처음 접하면, 어렵다고 느끼곤 합니다.

문장제가 왜 어려울까요? 문장제를 풀려면 계산력뿐 아니라 문제를 읽고 이해하는 능력이 필요하기 때문입니다.

이해력과 독해력을 키우는 가장 효과적인 방법은 꾸준한 독서입니다. 하지만 당장 교과서 수학 문장을 이해하는 게 힘들다면, 이 책의 도움이 필요합니다.

초등학교 저학년은 수학에 대한 기초를 다지고 흥미를 붙일 수 있는 매우 중요한 시기입니다. 이 시기에 수학의 기본을 잘 다진다면 고학년이 되어서도 수학을 잘할 수 있습니다.

나 혼자서 풀 수 있는 수학 문장제 책입니다.

나 혼자 푼다! 수학 문장제는 어떻게 하면 수학 문장제를 연산 풀듯 쉽게 풀 수 있을지 고민하며 만든 책입니다. 이 책에는 쓸데없이 꼬아 놓은 문제나 학생들을 탈락시키기 위한 문제가 없습니다.

이 책은 조금씩 수준을 높여 도전하게 하는 '작은 발걸음 방식(스몰스텝)'으로 문제를 구성했습니다. 3학년이라면 누구나 쉽게 도전할 수 있는 단답형 문제부터 학교 시험 문장제까지, 서서히 빈칸을 늘려 가며 풀이 과정과 답을 쓰도록 구성했습니다.

스스로 문제를 해결하는 과정에서 성취를 맛보게 되며, 수학에 대한 흥미를 높일 수 있습니다!

높은 계단은 오르기 힘들어도, 낮은 계단은 쉽게 오를 수 있어요!

1학기 교과서 순서와 똑같은 또 하나의 익힘책입니다.

이 책은 개정된 1학기 교과서의 내용과 순서가 똑같습니다. 그러므로 예습을 하거나 복습을 할 때 편리합니다. **나 혼자 푼다! 수학 문장제**는 1학기 수학 교과서 전 단원의 대표 유형을 모아, 문장제로 익힘책을 한 번 더 푼 효과를 줍니다. 개념이 녹아 있는 문장제로 훈련해, 이 책만 다 풀어도 1학기 수학의 기본 개념이 모두 잡힙니다!

 '생각하며 푼다!'를 통해 문제 해결 순서는 물론 서술형까지 훈련됩니다.

나 혼자 푼다! 수학 문장제는 문제 해결 순서를 생각하면서 풀도록 구성되었습니다. 빈칸을 채우면 답이 생각나고 문제를 해결하는 순서가 몸에 밸뿐 아니라 서술형에도 도움이 됩니다. 또한, 이 책에서는 주어진 조건과 구하는 것을 표시하는 훈련을 하게 됩니다. 이 훈련을 마치면, 긴 문장이라도 문제를 파악할 수 있는 수학 독해력을 기를 수 있습니다.

 수학은 혼자 푸는 시간이 꼭 필요합니다!

수학은 혼자 푸는 시간이 꼭 필요합니다. 운동도 누군가 거들어 주면 근력이 생기지 않듯이, 누군가의 설명을 들으며 푼다면 사고력 근육은 생기지 않습니다. 그렇다고 문제가 너무 어려우면 혼자서 풀기 힘듭니다.

나 혼자 푼다! 수학 문장제는 쉽게 풀 수 있는 기초 문장제부터 학교 시험 문장제까지 단계적으로 구성한 책으로, 스스로 도전하고 성취를 맛볼 수 있습니다. 문장제는 충분히 생각하며 한 문제라도 정확히 풀어야겠다는 마음가짐이 필요합니다. 누군가가 대신 풀어주길 기다리지 마세요! 차근차근 스스로 문제를 푸는 연습을 하세요.
혼자서 문제를 해결하면 수학에 자신감이 생기고, 어느 순간 수학적 사고력도 향상되는 효과를 볼 수 있습니다. 이렇게 만들어진 문제 해결력과 수학적 사고력은 고학년 수학을 잘 하기 위한 디딤돌이 됩니다.

'나 혼자 푼다! 수학 문장제' 구성과 특징

1. 혼자 푸는데도 선생님이 옆에 있는 것 같아요!

수 또는 그림을 보고 빈칸을 채우며 교과서 기본 개념을 익힙니다. 혼자서도 충분히 풀 수 있도록 대화식 도움말도 담았습니다.

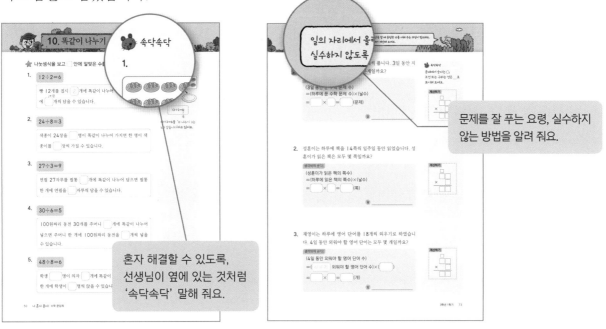

2. 교과서 대표 유형 집중 훈련!

교과서의 핵심적인 문제들이 유형별로 정리되어 있습니다. 같은 유형으로 집중 연습해서 익숙해지도록 도와줍니다.

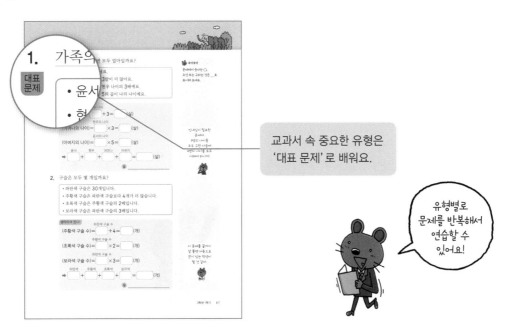

3. 문제 해결의 실마리를 찾는 훈련! – 숫자는 ◯, 조건 또는 구하는 것은 ___로 표시해 보세요.

문장제를 잘 풀기 위해서는 무엇을 묻는지를 먼저 파악해야 해요. '나 혼자 푼다! 수학 문장제'의 대표 문제에서는 단서 찾기 연습을 합니다. 이처럼 문제를 볼 때 조건과 구하는 것을 찾으며 읽도록, 연필을 들고 밑줄 치며 적극적으로 풀어 보세요.

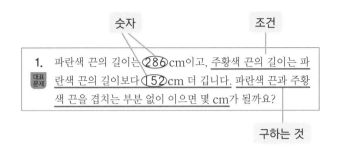

4. 생각하며 풀고, 서술형에도 대비!

혼자서도 충분히 쓸 수 있는 풀이 과정으로 자신감을 키워 줍니다. 풀이 과정의 빈칸을 스스로 채우다 보면 답으로 자연스럽게 연결되도록 구성했습니다.
'생각하며 푼다!'를 통해 문제 해결 순서를 몸에 익히세요.

5. 시험에 자주 나오는 문제로 마무리!

1학기 교과서 전 단원의 대표 유형을 모두 담아서, 이 책만 다 풀어도 학교 시험 대비 문제없어요!

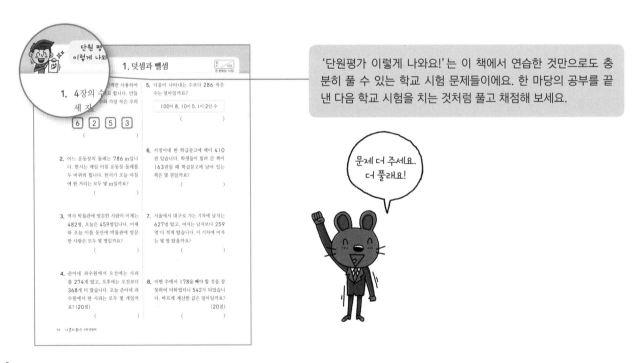

'단원평가 이렇게 나와요!'는 이 책에서 연습한 것만으로도 충분히 풀 수 있는 학교 시험 문제들이에요. 한 마당의 공부를 끝낸 다음 학교 시험을 치는 것처럼 풀고 채점해 보세요.

문제 더 주세요.
더 풀래요!

'나 혼자 푼다! 수학 문장제' 이렇게 공부하세요.

❖ 학기 중에 교과서 진도에 맞추어 공부하려면?

'나 혼자 푼다! 수학 문장제'는 개정된 교과서의 모든 단원을 다루었습니다. 그리고 교과서의 필수 문장제를 모았습니다.

교과서 개념을 확인하는 기초 문제부터 익힘책 문장제, 학교 시험 대비 문장제를 차례로 풀면서 스스로 이해할 수 있게 구성하였습니다. 한 마당을 모두 공부한 후 '단원평가 이렇게 나와요!' 코너로 학교 시험에도 대비할 수 있습니다!

교과서 개념 기초 문제 ➡ 익힘책 문장제 ➡ 학교 시험 대비 문장제

교과서로 공부하고 문장제에 도전하면 개념이 저절로 복습이 될 거예요. 하루 2쪽씩, 일주일에 4번 공부하는 것을 목표로, 계획을 세워 보세요.

❖ 방학 때 공부하려면?

한 과씩 풀면 23일에 완성할 수 있습니다. 방학 동안에 문장제로 1학기 수학을 정리할 수 있습니다. 하루에 1과(4쪽)씩 풀면서 학습 내용을 머릿속에 정리하세요. 자신 있다면 1~2과씩 공부해도 좋아요. 한 걸음 더 나가고 싶다면 풀이 과정을 보지 않고 연습장에 스스로 써 보는 연습을 하세요.

❖ 문제는 이해되는데, 연산 실수가 잦다면?

문제를 이해하고 식은 세워도 연산 실수가 잦다면, 연산 훈련을 함께하는 것이 좋습니다! 3·4학년 덧셈, 뺄셈, 곱셈, 나눗셈을 각각 한 권으로 정리한 '바쁜 3·4학년을 위한 빠른 연산법' 시리즈로 취약한 연산을 빠르게 보강해 보세요. 특히 3학년은 곱셈이 중요하니 '곱셈'으로 점검해 보세요. 단기에 완성할 수 있어요. 7일이면 연산의 정확성이 높아집니다.

3학년은 '곱셈'을 더 많이 풀어요!

바빠 연산법 3·4학년 시리즈

 **목차**

교과서 단원을
확인하세요~

첫째 마당

문장으로 익히는
덧셈과 뺄셈

첫째 마당에서는 세 자리 수의 덧셈과 뺄셈을 문장제로 배웁니다.

문장제를 푸는 첫 단추는 조건과 구하는 것을 찾는 거예요.

그런 다음 식을 세워 보세요.

세운 식은 세로셈으로 나타내어 풀면 돼요.

받아올림과 받아내림에
주의하면서 계산 연습을
충분히 한 후 문장제에
도전해 보세요!

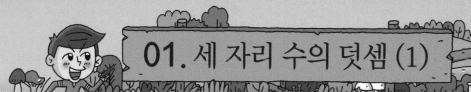

⭐ 계산에서 잘못된 부분을 찾아 이유를 쓰고 바르게 계산해 보세요.

1.

```
    5 2 9          5 2 9
  + 3 1 7    ➡    + 3 1 7
  -------
    8 3 6
```

이유 계산에서 잘못된 부분은 (일 , 십 , 백)의 자리의 계산입니다.

☐의 자리를 계산할 때 받아올림한 수를 더하지 않았습니다.

2.

```
    2 7 6
  + 1 5 8    ➡
  -------
    3 3 4
```

이유 백의 자리를 계산할 때 ☐ 수를 더하지 않았습니다.

3.

```
    6 4 5
  + 3 7 9    ➡
  -------
    9 1 4
```

이유 십의 자리와 ☐의 자리를 계산할 때

_____

세 자리 수의 덧셈을 할 때 항상 받아올림이 있는지 없는지 확인하면서 풀어야 해요.
받아올림이 있는 계산은 가로셈을 세로셈으로 바꾸면 더 쉽게 풀 수 있어요.
실수하지 않으려면 받아올림한 수를 세로셈 위에 표시해서 계산해 보세요.

1. 542보다 183 큰 수는 얼마일까요?

생각하며 푼다!

(542보다 183 큰 수)=542+183= ☐

답 _____

속닥속닥

계산하기

2. 236보다 451 큰 수는 얼마일까요?

_____

계산하기

3. 195보다 536 큰 수는 얼마일까요?

_____

계산하기

★4. 다음이 나타내는 수보다 357 큰 수는 얼마일까요?

100이 4, 10이 7, 1이 9인 수

생각하며 푼다!

100이 4, 10이 7, 1이 9인 수는 ☐ 입니다.

따라서 ☐ 보다 357 큰 수는

☐ +357= ☐ 입니다.

답 _____

계산하기

⭐ ㉠과 ㉡이 나타내는 수의 합은 얼마일까요?

속닥속닥

· 100이 ●, 10이 ▲,
1이 ★인 수
→ ●▲★

1.

> ㉠ 100이 3, 10이 6, 1이 2인 수
> ㉡ 100이 1, 10이 3, 1이 4인 수

생각하며 푼다!

㉠ 100이 3, 10이 6, 1이 2인 수는 ☐ 이고,

㉡ 100이 1, 10이 3, 1이 4인 수는 ☐ 입니다.

따라서 ㉠과 ㉡의 합은 ☐ + ☐ = ☐ 입니다.

답 _____

계산하기

```
    ☐ ☐ ☐
 +  ☐ ☐ ☐
 ─────────
    ☐ ☐ ☐
```

2.

> ㉠ 100이 2, 10이 6, 1이 8인 수
> ㉡ 592보다 183 큰 수

생각하며 푼다!

㉠ 100이 2, 10이 6, 1이 8인 수는 ☐ 이고,

㉡ 592보다 183 큰 수는 ☐ 입니다.

따라서 ㉠과 ㉡의 합은 ☐ + ☐ = ☐
입니다.

답 _____

계산하기

```
     ☐ ☐ ☐
  +  ☐ ☐ ☐
 ──────────
   ☐ ☐ ☐ ☐
```

3.

> ㉠ 100이 6, 10이 5, 1이 7인 수
> ㉡ 100이 2, 10이 9, 1이 4인 수

생각하며 푼다!

답 _____

계산하기

```
    ☐ ☐ ☐
 +  ☐ ☐ ☐
 ─────────
    ☐ ☐ ☐
```

☆ 수 카드 중 3장을 골라 한 번씩만 사용하여 세 자리 수를 만들려고 합니다. 만들 수 있는 가장 큰 수와 가장 작은 수의 합을 구하세요.

🐭 속닥속닥

• 가장 큰 수를 만들 때는 큰 수부터 차례로 높은 자리에 써요.

가장 작은 수를 만들 때는 작은 수부터 차례로 높은 자리에 써요.
하지만, 0은 가장 높은 자리에 올 수 없어요.

수 카드에 0이 있는 경우 가장 작은 세 자리 수 [백] [십] [일] 을 만들 때 백의 자리에 0을 쓸 수 없다는 건 꼭 기억해야지!

1.

[1] [0] [5] [3]

생각하며 푼다!

가장 큰 수는 [   ]이고, 가장 작은 수는 [   ]입니다.

따라서 두 수의 합은 [   ] + [   ] = [   ]입니다.

답 _____

2.

[6] [2] [8] [4]

생각하며 푼다!

가장 큰 수는 [   ]이고, 가장 작은 수는 [   ]입니다.

따라서 두 수의 합은 [   ] + [   ] = [   ]입니다.

답 _____

3.

[1] [9] [2] [7]

생각하며 푼다!

답 _____

02. 세 자리 수의 덧셈 (2)

1. 현주와 지영이가 접은 종이학 수를 나타낸 것입니다. 두 사
람이 접은 종이학은 모두 몇 개일까요?

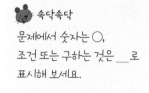

🐭 속닥속닥

문제에서 숫자는 ○,
조건 또는 구하는 것은 ___로
표시해 보세요.

이름	현주	지영
종이학 수(개)	128	153

생각하며 푼다!

(두 사람이 접은 종이학 수)
=(현주가 접은 종이학 수)+(지영이가 접은 종이학 수)
=□+□=□(개)

답 _____

→ 단위도
꼭 써요!

개

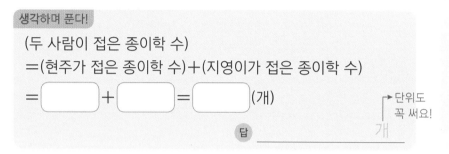

계산하기

2. 교실에 있는 책의 수를 나타낸 것입니다. 동화책과 역사책
은 모두 몇 권일까요?

종류	동화책	역사책
책 수(권)	256	134

생각하며 푼다!

(전체 책 수)=(동화책 수)+(역사책 수)
=□+□=□(권)

답 _____

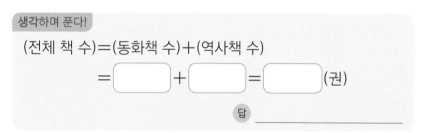

계산하기

3. 우리 동네 과일 가게에 있는 과일의 수를 나타낸 것입니다.
사과와 감은 모두 몇 개일까요?

과일	사과	감
과일 수(개)	539	285

생각하며 푼다!

(전체 □ 수)=(□ 수)+(□ 수)
=□+□=□(개)

답 _____

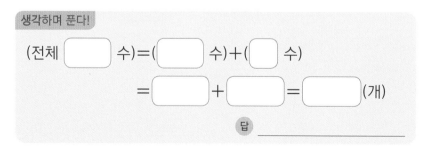

계산하기

1. 성준이네 집에서 학교까지의 거리는 728 m입니다. 성준
이가 집에서 학교까지 걸어서 다녀왔다면 모두 몇 m를 걸
었을까요?

😊 속닥속닥

문제에서 숫자는 ○,
조건 또는 구하는 것은 ___로
표시해 보세요.

1. 집에서 학교까지의 거리
와 학교에서 집까지의 거
리는 같아요.

      728 m

집   학교

> **생각하며 푼다!**
>
> ┌─(집~학교)+(학교~집)
>
> 집에서 학교까지 다녀온 거리는 왕복한 것이므로 집에서
>
> 학교까지의 거리를 [2] 번 더한 것과 같습니다.
>
> (성준이가 걸은 거리)
>
> = ☐ + ☐ = ☐ (m)
>
>   답 ＿＿＿＿＿＿＿＿＿＿

2. 어느 호수의 둘레는 496 m입니다. 서진이는 매일 아침 호
수 둘레를 두 바퀴씩 뜁니다. 서진이가 오늘 아침에 뛴 거리
는 모두 몇 m일까요?

호수의 둘레

호수 둘레를 한 바퀴
뛰었다는 것은
호수의 가장자리를
한 바퀴 뛴 거리와
같아.

> **생각하며 푼다!**
>
> 오늘 아침에 뛴 거리는 호수 둘레를 ☐ 번 더한 것과 같습니다.
>
> (서진이가 오늘 아침에 뛴 거리)
>
> = ☐ + ☐ = ☐ (m)
>
>   답 ＿＿＿＿＿＿＿＿＿＿

3. 경수네 집에서 공원까지의 거리는 657 m입니다. 경수가
집에서 공원까지 다녀왔다면 걸은 거리는 모두 몇 m일까요?

> **생각하며 푼다!**
>
>
>
>
>
>
>
>   답 ＿＿＿＿＿＿＿＿＿＿

1. 이륙을 준비하는 비행기의 1층에는 ㉛253명, 2층에는 ㉛145명이 탈 수 있습니다. 이 비행기에는 모두 몇 명이 탈 수 있을까요?

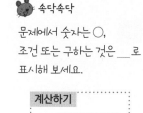

🐭 속닥속닥

문제에서 숫자는 ○,
조건 또는 구하는 것은 ___로
표시해 보세요.

생각하며 푼다!

(비행기에 탈 수 있는 사람 수)

＝(1층에 탈 수 있는 사람 수)＋(2층에 탈 수 있는 사람 수)

＝ ☐ ＋ ☐ ＝ ☐ (명)

답 _____

계산하기

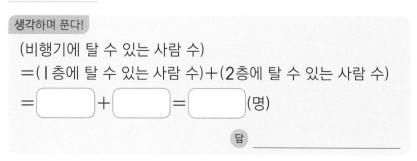

2. 제주도로 가는 비행기에 남자가 **362**명, 여자가 **417**명 타고 있습니다. 이 비행기에는 모두 몇 명이 타고 있을까요?

생각하며 푼다!

(비행기에 타고 있는 사람 수)

＝(비행기에 타고 있는 남자 수)＋(비행기에 타고 있는 여자 수)

＝ ☐ ＋ ☐ ＝ ☐ (명)

답 _____

계산하기

3. 부산으로 가는 기차에 어른이 **549**명, 어린이가 **162**명 타고 있습니다. 이 기차에는 모두 몇 명이 타고 있을까요?

생각하며 푼다!

답 _____

계산하기

1. 역사 박물관에 방문한 사람이 어제는 ④482명, 오늘은 ⑥604명입니다. 이틀 동안 이 박물관에 방문한 사람은 모두 몇 명일까요?

속닥속닥

문제에서 숫자는 ◯,
조건 또는 구하는 것은 ___로
표시해 보세요.

생각하며 푼다!

(이틀 동안 방문한 사람 수)

=(어제 방문한 사람 수)+(오늘 방문한 사람 수)

= [   ] + [   ] = [   ] (명)

답 _____

2. 민지네 학교 남학생은 382명이고, 여학생은 356명입니다. 민지네 학교 학생은 모두 몇 명일까요?

생각하며 푼다!

(민지네 학교 학생 수)

=(민지네 학교 남학생 수)+(민지네 학교 여학생 수)

= [   ] + [   ] = [   ] (명)

답 _____

3. 고소한 제과점에서 지난달에는 케이크를 281개 팔았고, 이번 달에는 339개 팔았습니다. 이 제과점에서 지난달과 이번 달에 판 케이크는 모두 몇 개일까요?

생각하며 푼다!

답 _____

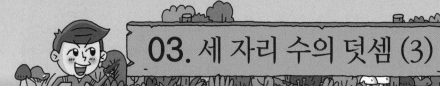

1. 대표문제 재현이네 농장에서 작년에는 수박을 648개 수확했고, 올해는 작년보다 216개 더 많이 수확했습니다. 재현이네 농장에서 올해 수확한 수박은 모두 몇 개일까요?

속닥속닥

문제에서 숫자는 ○,
조건 또는 구하는 것은 ___로
표시해 보세요.

생각하며 푼다!

(올해 수확한 수박 수)
＝(작년에 수확한 수박 수)＋(작년보다 더 많이 수확한 수박 수)
＝ ☐ ＋ ☐ ＝ ☐ (개)

답 _____

계산하기

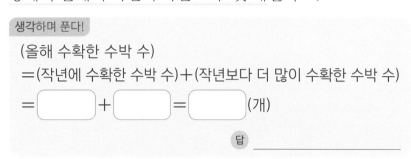

2. 성수네 학교 학생은 모두 479명입니다. 우리 학교 학생은 성수네 학교 학생보다 124명이 더 많습니다. 우리 학교 학생은 모두 몇 명일까요?

생각하며 푼다!

(우리 학교 학생 수)
＝(성수네 학교 학생 수)＋(성수네 학교보다 더 많은 학생 수)
＝ ☐ ＋ ☐ ＝ ☐ (명)

답 _____

계산하기

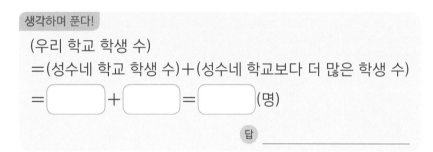

3. 어느 과수원에 사과나무가 367그루 있고, 감나무는 사과나무보다 253그루 더 많습니다. 감나무는 모두 몇 그루일까요?

생각하며 푼다!

답 _____

계산하기

1. 오늘 싱싱 농장에서 오전에는 포도를 ◯383◯송이 땄고, 오후
에는 오전보다 ◯245◯송이 더 땄습니다. 오늘 싱싱 농장에서
딴 포도는 모두 몇 송이일까요?

대표
문제

속닥속닥

문제에서 숫자는 ◯,
조건 또는 구하는 것은 ___로
표시해 보세요.

생각하며 푼다!

(오후에 딴 포도 수)
=(오전에 딴 포도 수)+(오전보다 더 많이 딴 포도 수)
= [   ] + [   ] = [   ] (송이)

(오늘 딴 포도 수)
=(오전에 딴 포도 수)+(오후에 딴 포도 수)
= [   ] + [   ] = [   ] (송이)

답 _____

오늘 하루는 오전과
오후로 나뉘지?

2. 명수는 도토리를 196개 주웠고, 아버지는 명수보다 258
개 더 주웠습니다. 명수와 아버지가 주운 도토리는 모두 몇
개일까요?

생각하며 푼다!

(아버지가 주운 도토리 수)
=(명수가 주운 도토리 수)+(명수보다 더 주운 도토리 수)
= [   ] + [   ] = [   ] (개)

(명수와 아버지가 주운 도토리 수)
=(명수가 주운 도토리 수)+(아버지가 주운 도토리 수)
= [   ] + [   ] = [   ] (개)

답 _____

1. 파란색 끈의 길이는 ⟨286⟩ cm이고, 주황색 끈의 길이는 파
란색 끈의 길이보다 ⟨152⟩ cm 더 깁니다. 파란색 끈과 주황
색 끈을 겹치는 부분 없이 이으면 몇 cm가 될까요?

🐭 속닥속닥
문제에서 숫자는 ○,
조건 또는 구하는 것은 ___로
표시해 보세요.

생각하며 푼다!

(주황색 끈의 길이)
=(파란색 끈의 길이)+(파란색 끈보다 더 긴 끈의 길이)
= [   ] + [   ] = [   ] (cm)

(파란색 끈과 주황색 끈을 이은 길이)
=(파란색 끈의 길이)+(주황색 끈의 길이)
= [   ] + [   ] = [   ] (cm)

답 _____

계산하기

```
    □ □ □
  + □ □ □
  ───────
    □ □ □
```

계산하기

```
    □ □ □
  + □ □ □
  ───────
    □ □ □
```

2. 빨간색 실의 길이는 395 cm이고, 노란색 실의 길이는 빨
간색 실의 길이보다 273 cm 더 깁니다. 빨간색 실과 노란
색 실을 겹치는 부분 없이 이으면 몇 cm가 될까요?

생각하며 푼다!

(노란색 실의 길이)
=(빨간색 실의 길이)+(빨간색 실보다 더 긴 실의 길이)
= [   ] + [   ] = [   ] (cm)

(빨간색 실과 노란색 실을 이은 길이)
=(빨간색 실의 길이)+(노란색 실의 길이)
= [   ] + [   ] = [   ] (cm)

답 _____

계산하기

```
    □ □ □
  + □ □ □
  ───────
    □ □ □
```

계산하기

```
      □ □ □
  +   □ □ □
  ─────────
    □ □ □ □
```

1. 다음은 신영이네 학교 3학년 학생들이 주운 밤의 수를 각 반별로 나타낸 것입니다. 밤을 가장 많이 주운 반과 가장 적게 주운 반의 밤의 수의 합을 구하세요.

🐭 **속닥속닥**

문제에서 숫자는 ○,
조건 또는 구하는 것은 ___로
표시해 보세요.

• 세 자리 수의 크기를 비교
할 때는 백 → 십 → 일의
자리 순서로 비교해요.

반	1반	2반	3반	4반
밤 수(개)	322	374	285	426

생각하며 푼다!

밤을 가장 많이 주운 반: ⎡4⎤ 반, ⎡ ⎤개

밤을 가장 적게 주운 반: ⎡ ⎤반, ⎡ ⎤개

두 반이 주운 밤의 수의 합은

가장 많이 주운 밤의 수⌐　　　⌐가장 적게 주운 밤의 수

⎡　　⎤ + ⎡　　⎤ = ⎡　　⎤(개)입니다.

답 _____

2. 서현이는 4일 동안 줄넘기를 하였습니다. 가장 많이 했을 때와 가장 적게 했을 때의 줄넘기 수의 합을 구하세요.

요일	월요일	화요일	수요일	목요일
줄넘기 수(번)	143	179	136	128

생각하며 푼다!

줄넘기를 가장 많이 한 요일: ⎡ ⎤요일, ⎡ ⎤번

줄넘기를 가장 적게 한 요일: ⎡ ⎤요일, ⎡ ⎤번

두 날의 줄넘기 수의 합은

가장 많이 했을 때의 줄넘기 수⌐　　　⌐가장 적게 했을 때의 줄넘기 수

⎡　　⎤ + ⎡　　⎤ = ⎡　　⎤(번)입니다.

답 _____

⭐ 계산에서 잘못된 부분을 찾아 이유를 쓰고 바르게 계산해 보세요.

1.

```
    7 5 1
  - 3 2 4      ➡      7 5 1
  ─────             - 3 2 4
    4 3 7
```

이유 계산에서 잘못된 부분은 (일 , 십 , 백)의 자리의 계산입니다.

십 의 자리를 계산할 때 받아내림한 수를 빼지 않았습니다.

2.

```
    8 2 3
  - 4 5 7      ➡
  ─────
    4 7 6
```

이유 십 의 자리와 ☐ 의 자리를 계산할 때 ☐ 수를 빼지 않았습니다.

3.

```
    5 0 6
  - 2 4 8      ➡
  ─────
    3 6 8
```

이유 십 의 자리와 ☐ 의 자리를 계산할 때

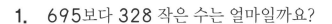

1. 695보다 328 작은 수는 얼마일까요?

🐭 속닥속닥

생각하며 푼다!

(695보다 328 작은 수)=695−328= ⬜

답 _____

계산하기

2. 340보다 172 작은 수는 얼마일까요?

_____

계산하기

3. 826보다 294 작은 수는 얼마일까요?

_____

계산하기

★**4.** 다음이 나타내는 수보다 576 작은 수는 얼마일까요?

> 100이 9, 10이 2, 1이 4인 수

생각하며 푼다!

100이 9, 10이 2, 1이 4인 수는 ⬜ 입니다.

따라서 ⬜ 보다 576 작은 수는

⬜ −576= ⬜ 입니다.

답 _____

계산하기

⭐ ㉠과 ㉡이 나타내는 수의 차는 얼마일까요?   🐭 속닥속닥

1.

> ㉠ 100이 6, 10이 1, 1이 8인 수
> ㉡ 100이 2, 10이 4, 1이 5인 수

생각하며 푼다!

㉠ 100이 6, 10이 1, 1이 8인 수는 [ ]이고,

㉡ 100이 2, 10이 4, 1이 5인 수는 [ ]입니다.

따라서 ㉠과 ㉡의 차는 [ ] − [ ] = [ ]입니다.

답 _____

계산하기

−	□	□	□
	□	□	□
	□	□	□

2.

> ㉠ 261보다 557 큰 수
> ㉡ 345보다 129 작은 수

• ●보다 ▲ 큰 수
→ ●+▲
●보다 ▲ 작은 수
→ ●−▲

생각하며 푼다!

㉠ 261보다 557 큰 수는 [ ]이고,

㉡ 345보다 129 작은 수는 [ ]입니다.

따라서 ㉠과 ㉡의 차는 [ ] − [ ] = [ ]입니다.

답 _____

계산하기

−	□	□	□
	□	□	□
	□	□	□

3.

> ㉠ 913보다 237 작은 수
> ㉡ 749보다 562 작은 수

생각하며 푼다!

답 _____

계산하기

−	□	□	□
	□	□	□
	□	□	□

☆ 수 카드 중 3장을 골라 한 번씩만 사용하여 세 자리 수를 만들려고 합니다. 만들 수 있는 가장 큰 수와 가장 작은 수의 차를 구하세요.

🐭 속닥속닥

1. 가장 큰 수를 만들 때는 큰 수부터 차례로 높은 자리에 써요.
   가장 작은 수를 만들 때는 작은 수부터 차례로 높은 자리에 써요.
   단, 0은 가장 높은 자리에 올 수 없어요.

1.

| 4 | 0 | 7 | 5 |

생각하며 푼다!

만들 수 있는 가장 큰 수는 [   ]이고, 가장 작은 수는

[   ]입니다.

따라서 두 수의 차는 [   ] − [   ] = [   ]입니다.

답 _____

2.

| 1 | 3 | 9 | 6 |

2. • 큰 수부터 비교하기
   9 > 6 > 3 > 1
   • 작은 수부터 비교하기
   1 < 3 < 6 < 9

생각하며 푼다!

만들 수 있는 가장 큰 수는 [   ]이고, 가장 작은 수는

[   ]입니다.

따라서 두 수의 차는 [   ] − [   ] = [   ]입니다.

답 _____

3.

| 2 | 1 | 5 | 8 |

생각하며 푼다!

답 _____

05. 세 자리 수의 뺄셈 (2)

1. 지난달 새로 생긴 도서관에 책이 ⃝746⃝권 있습니다. 사람들이

대표문제 ⃝125⃝권을 빌려 갔다면 도서관에는 몇 권이 남아 있을까요?

🐭 **속닥속닥**

문제에서 숫자는 ◯,
조건 또는 구하는 것은 ___로
표시해 보세요.

생각하며 푼다!

(도서관에 남아 있는 책 수)
=(처음에 있던 책 수)-(사람들이 빌려 간 책 수)
= [ ] - [ ] = [ ] (권)

답 _____

계산하기

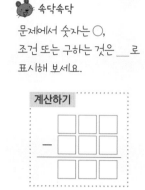

2. 광주역에서 출발하는 기차에 872명이 타고 있었습니다.
다음 역에서 156명이 내리고 새로 탄 사람은 없습니다. 지
금 기차에는 몇 명이 타고 있을까요?

생각하며 푼다!

(지금 기차에 타고 있는 사람 수)
=(처음에 타고 있던 사람 수)-(다음 역에서 내린 사람 수)
= [ ] - [ ] = [ ] (명)

답 _____

계산하기

3. 문구점에 공책이 502권 있습니다. 그중에서 375권을 팔
았습니다. 남은 공책은 몇 권일까요?

생각하며 푼다!

답 _____

계산하기

1. 대표 문제 빨간색 끈의 길이는 ③ m이고, 파란색 끈의 길이는 ⑴38 cm 입니다. 빨간색 끈은 파란색 끈보다 몇 cm 더 길까요?

🐻 속닥속닥

문제에서 숫자는 ○,
조건 또는 구하는 것은 ___로
표시해 보세요.

1. 구해야 하는 단위가 cm
이므로 먼저 길이의 단위
를 cm로 통일해 보세요.

> 생각하며 푼다!
>
> (빨간색 끈의 길이)=3 m= ☐ cm
>
> (더 긴 길이)
> =(빨간색 끈의 길이)−(파란색 끈의 길이)
> = ☐ − ☐ = ☐ (cm)
>
> 답 _____

2. 수빈이네 집에서 성훈이네 집까지의 거리는 785 m이고, 수빈이네 집에서 서영이네 집까지의 거리는 629 m입니다. 수빈이네 집에서 성훈이네 집까지의 거리는 수빈이네 집에서 서영이네 집까지의 거리보다 몇 m 더 멀까요?

> 생각하며 푼다!
>
> (더 먼 거리)
> =(수빈이네 집에서 성훈이네 집까지의 거리)
>   −(수빈이네 집에서 서영이네 집까지의 거리)
> = ☐ − ☐ = ☐ (m)
>
> 답 _____

3. 야구장에 입장한 남자는 942명, 여자는 273명입니다. 야구장에 입장한 남자는 여자보다 몇 명 더 많을까요?

> 생각하며 푼다!
>
>
>
>
>
> 답 _____

1. 서진이네 모둠은 줄넘기를 ③④번 했고, 수빈이네 모둠은

서진이네 모둠보다 ①82번 더 적게 했습니다. 수빈이네 모둠은 줄넘기를 몇 번 했을까요?

🐭 속닥속닥

문제에서 숫자는 ○,
조건 또는 구하는 것은 ___로
표시해 보세요.

> **생각하며 푼다!**
>
>   (수빈이네 모둠의 줄넘기 수)
>   =(서진이네 모둠의 줄넘기 수)
>   −(서진이네 모둠보다 더 적게 한 줄넘기 수)
>   = ☐ − ☐ = ☐ (번)
>
>   답 _____

계산하기

```
    ☐ ☐ ☐
  −   ☐ ☐ ☐
  ─────────
    ☐ ☐ ☐
```

2. 서울에서 대전으로 가는 기차에 남자는 **853**명 탔고, 여자는 남자보다 **127**명 더 적게 탔습니다. 이 기차에 여자는 몇 명 탔을까요?

> **생각하며 푼다!**
>
>   (기차에 탄 여자 수)
>   =(기차에 탄 남자 수)−(남자보다 적게 탄 사람 수)
>   = ☐ − ☐ = ☐ (명)
>
>   답 _____

계산하기

```
    ☐ ☐ ☐
  −   ☐ ☐ ☐
  ─────────
    ☐ ☐ ☐
```

3. 제과점에서 피자빵을 **412**개 만들었고, 크림빵은 피자빵보다 **163**개 적게 만들었습니다. 이 제과점에서 만든 크림빵은 몇 개일까요?

> **생각하며 푼다!**
>
>
>
>
>   답 _____

계산하기

```
    ☐ ☐ ☐
  −   ☐ ☐ ☐
  ─────────
    ☐ ☐ ☐
```

1. 다음은 승기네 학교 전교 학생 회장 선거의 투표 결과를 나
대표
문제 타낸 것입니다. 표를 가장 많이 얻은 학생과 가장 적게 얻은
학생의 표의 차를 구하세요.

이름	승기	나영	석희	진우
득표 수(표)	②254	①73	②296	①49

생각하며 푼다!

표를 가장 많이 얻은 학생: [석희], [296]표

표를 가장 적게 얻은 학생: [   ], [   ]표

두 학생의 표의 차는 [   ] ─ [   ] = [   ](표)입
니다.

답 _____

2. 4명의 통장에 이자가 다음과 같이 붙었습니다. 이자가 가
장 많이 붙은 학생과 가장 적게 붙은 학생의 이자의 차를 구
하세요.

이름	지선	준수	시영	하나
이자(원)	283	427	249	361

생각하며 푼다!

이자가 가장 많이 붙은 학생: [   ], [   ]원

이자가 가장 적게 붙은 학생: [   ], [   ]원

두 학생의 이자의 차는 [   ] ─ [   ] = [   ](원)
입니다.

답 _____

06. 세 자리 수의 뺄셈 (3)

1. 3학년 남학생과 여학생을 청군과 백군으로 나누어 콩 주머니 던져 넣기 경기를 하였습니다. 청군과 백군 중 어느 팀이 콩 주머니를 몇 개 더 많이 넣었을까요?

대표
문제

🐭 속닥속닥
문제에서 숫자는 ◯,
조건 또는 구하는 것은 ___로
표시해 보세요.

넣은 콩 주머니 수

팀	청군	백군
남학생	224개	245개
여학생	195개	178개

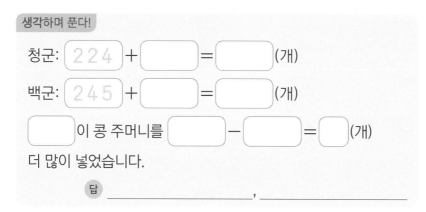

생각하며 푼다!

청군: 224 + ☐ = ☐ (개)

백군: 245 + ☐ = ☐ (개)

☐ 이 콩 주머니를 ☐ - ☐ = ☐ (개)
더 많이 넣었습니다.

답 _____, _____

2. 사랑 마을과 희망 마을에 사는 사람 수를 나타낸 것입니다. 어느 마을에 사람이 몇 명 더 많이 살고 있을까요?

마을에 사는 사람 수

마을	사랑 마을	희망 마을
남자	582명	483명
여자	294명	419명

생각하며 푼다!

사랑 마을: ☐ + ☐ = ☐ (명)

희망 마을: ☐ + ☐ = ☐ (명)

☐ 마을에 사람이 ☐ - ☐ = ☐ (명)
더 많이 살고 있습니다.

답 _____, _____

1. 세 사람의 이야기를 읽고 <u>찬호네 학교 학생은 모두 몇 명인</u>

대표
문제 <u>지</u> 구하세요.

- 선우: 우리 학교 학생은 모두 526명이야.
- 기주: 우리 학교는 선우네 학교보다 142명의 학생이 더 많아.
- 찬호: 우리 학교는 기주네 학교보다 392명의 학생이 더 적어.

🐭 속닥속닥

문제에서 숫자는 ◯,
조건 또는 구하는 것은 ___로
표시해 보세요.

생각하며 푼다!

(기주네 학교 학생 수)

=(선우네 학교 학생 수)+(더 많은 학생 수)

= ☐ + ☐ = ☐ (명)

(찬호네 학교 학생 수)

=(기주네 학교 학생 수)−(더 적은 학생 수)

= ☐ − ☐ = ☐ (명)

답 _____

더 많아졌으면
덧셈을,
더 적어졌으면
뺄셈을 생각해!

2. 학교에서 공원까지의 거리는 몇 m인지 구하세요.

- 학교에서 문구점까지의 거리는 346 m입니다.
- 학교에서 가게까지의 거리는 학교에서 문구점까지의 거리
  보다 275 m 더 멉니다.
- 학교에서 공원까지의 거리는 학교에서 가게까지의 거리보
  다 152 m 더 가깝습니다.

거리가 더 멀다면
덧셈을,
더 가깝다면
뺄셈을 떠올려!

생각하며 푼다!

답 _____

1. 어떤 수에 ⟨612⟩를 더해야 할 것을 잘못하여 ⟨216⟩을 더하였
더니 ⟨534⟩가 되었습니다. 어떤 수는 얼마일까요?

대표
문제

속닥속닥

문제에서 숫자는 ◯,
조건 또는 구하는 것은 ___로
표시해 보세요.

1. 612를 더해야 할 것을 잘
못하여
: 이 조건은 문제에서 답
을 구하는 데는 필요 없
어요. 어떤 수를 구하는
식을 세울 때 헷갈리지
마세요.

생각하며 푼다!

어떤 수를 □라 하면 □+216=534,

□=534−216= [   ] 입니다.

따라서 어떤 수는 [   ] 입니다.

답 _____

2. 어떤 수에 523을 더해야 할 것을 잘못하여 빼었더니 297
이 되었습니다. 어떤 수는 얼마일까요?

생각하며 푼다!

어떤 수를 □라 하면 □−523=297,

□=297+523= [   ] 입니다.

따라서 어떤 수는 [   ] 입니다.

답 _____

3. 어떤 수에서 196을 빼야 할 것을 잘못하여 더하였더니
473이 되었습니다. 어떤 수는 얼마일까요?

생각하며 푼다!

답 _____

1. 어떤 수에서 217을 빼야 할 것을 잘못하여 더하였더니 756이 되었습니다. 바르게 계산한 값은 얼마일까요?

대표문제

🐭 속닥속닥

문제에서 숫자는 ◯,
조건 또는 구하는 것은 ＿로
표시해 보세요.

[문제 푸는 순서]

□를 사용하여 잘못
계산한 식 구하기

⬇

어떤 수 구하기

⬇

바르게 계산한 값 구하기

생각하며 푼다!

어떤 수를 □라 하면 □+217=756,

□=756-217=☐ 이므로 어떤 수는 ☐ 입니다. 따라서 바르게 계산한 값은

☐-217=☐ 입니다.

답 _____

2. 어떤 수에 382를 더해야 할 것을 잘못하여 뺐더니 175가 되었습니다. 바르게 계산한 값은 얼마일까요?

생각하며 푼다!

어떤 수를 □라 하면 □-382=175,

□=175+382=☐ 이므로 어떤 수는 ☐ 입니다. 따라서 바르게 계산한 값은

☐+382=☐ 입니다.

답 _____

3. 어떤 수에 268을 더해야 할 것을 잘못하여 뺐더니 619가 되었습니다. 바르게 계산한 값은 얼마일까요?

생각하며 푼다!

답 _____

어떤 수를 구했다고
끝난 게 아니야!
바르게 계산한 값을
또 한 번 구해야
정답이 돼.

1. 4장의 수 카드를 한 번씩만 사용하여 세 자리 수를 만들려고 합니다. 만들 수 있는 가장 큰 수와 가장 작은 수의 합을 구하세요.

[6] [2] [5] [3]

(   )

2. 어느 운동장의 둘레는 786 m입니다. 한서는 매일 아침 운동장 둘레를 두 바퀴씩 뜁니다. 한서가 오늘 아침에 뛴 거리는 모두 몇 m일까요?

(   )

3. 역사 박물관에 방문한 사람이 어제는 482명, 오늘은 459명입니다. 어제와 오늘 이틀 동안에 박물관에 방문한 사람은 모두 몇 명일까요?

(   )

4. 준아네 과수원에서 오전에는 사과를 274개 땄고, 오후에는 오전보다 368개 더 땄습니다. 오늘 준아네 과수원에서 딴 사과는 모두 몇 개일까요? (20점)

(   )

5. 다음이 나타내는 수보다 286 작은 수는 얼마일까요?

> 100이 8, 10이 5, 1이 2인 수

(   )

6. 서정이네 반 학급문고에 책이 410권 있습니다. 학생들이 빌려 간 책이 163권일 때 학급문고에 남아 있는 책은 몇 권일까요?

(   )

7. 서울에서 대구로 가는 기차에 남자는 627명 탔고, 여자는 남자보다 259명 더 적게 탔습니다. 이 기차에 여자는 몇 명 탔을까요?

(   )

8. 어떤 수에서 178을 빼야 할 것을 잘못하여 더하였더니 542가 되었습니다. 바르게 계산한 값은 얼마일까요? (20점)

(   )

둘째 마당

문장으로 익히는
평면도형

둘째 마당에서는 선의 종류와 각을 배우고, 선으로 이루어진 도형을 배울 거예요.

주변에서 볼 수 있는 여러 가지 도형과

직접 비교하며 문제를 풀어 보세요.

이 단원에서는 선의 끝을 정확히 보는게 중요해!

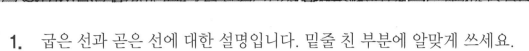

1. 굽은 선과 곧은 선에 대한 설명입니다. 밑줄 친 부분에 알맞게 쓰세요.

굽은 선

곧은 선

- <u>굽은 선</u> 은 구부러진 선, 휘어진 선, 곡선입니다.

- <u>곧은 선</u> 은 구부러지거나 휘어지지 않고 반듯하게 쭉 뻗은 선입니다.

- 곧은 선은 구부러지거나 휘어지지 않고 <u>반듯</u> 입니다.

2. 선분에 대한 설명입니다. 밑줄 친 부분에 알맞게 쓰세요.

- 두 점을 곧게 이은 선을 <u>선분</u> 이라고 합니다.

- 두 점을 <u>곧게</u> 이은 선을 선분이라고 합니다.

- 선분은 _____ 입니다.

3. 밑줄 친 부분에 도형의 이름을 쓰세요.

- 점 ㄱ과 점 ㄴ을 이은 선분을 선분 ㄱㄴ 또는 <u>선분 ㄴㄱ</u> 이라고 합니다.

- 점 ㄱ과 점 ㄴ을 이은 선분을 <u>선분 ㄱㄴ</u> 또는 _____ 이라고 합니다.

1. 반직선에 대한 설명입니다. 밑줄 친 부분에 알맞게 쓰세요.

- 한 점에서 시작하여 한쪽으로 끝없이 늘인 곧은 선을 <u>반직선</u>이라고 합니다.

- 한 점에서 시작하여 <u>한쪽으로</u> 끝없이 늘인 곧은 선을 반직선이라고 합니다.

- 반직선은 <u>한 점에서   </u>입니다.

2. 반직선의 이름에 대한 설명입니다. 밑줄 친 부분에 알맞게 쓰세요.

(1)

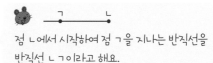
점 ㄴ에서 시작하여 점 ㄱ을 지나는 반직선을 반직선 ㄴㄱ이라고 해요.

- 점 <u>ㄱ</u>에서 시작하여 점 <u>ㄴ</u>을 지나는 반직선을 <u>반직선 ㄱㄴ</u>이라고 합니다.

- <u>점 ㄱ에서 시작하여 점 ㄴ을 지나는 반직선</u>을 반직선 ㄱㄴ이라고 합니다.

(2)

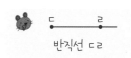
반직선 ㄷㄹ

- 점 <u>ㄹ</u>에서 시작하여 점 <u>ㄷ</u>을 지나는 반직선을 <u>반직선 ㄹㄷ</u>이라고 합니다.

- <u>   </u>을 반직선 ㄹㄷ이라고 합니다.

1. 직선에 대한 설명입니다. 밑줄 친 부분에 알맞게 쓰세요.

- 선분을 양쪽으로 끝없이 늘인 곧은 선을 ___직선___ 이라고 합니다.
- ___선분을 양쪽으로 끝없이___ 늘인 곧은 선을 직선이라고 합니다.
- 직선은 _____ 입니다.

2. 밑줄 친 부분에 도형의 이름을 쓰세요.

- 점 ㄱ과 점 ㄴ을 지나는 직선을 직선 ㄱㄴ 또는 ___직선 ㄴㄱ___ 이라고 합니다.
- 점 ㄱ과 점 ㄴ을 지나는 직선을 ___직선 ㄱㄴ___ 또는 _____ 이라고 합니다.

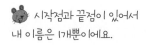
시작점과 끝점이 있어서 내 이름은 1개뿐이에요.

3. 도형의 이름을 쓰세요.

(1)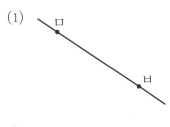

① _____
② _____

(2)

① _____
② _____

(3)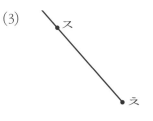

_____

밑줄 친 부분에 '선분' 또는 '반직선' 또는 '직선'을 알맞게 쓰세요.

🐭 속닥속닥

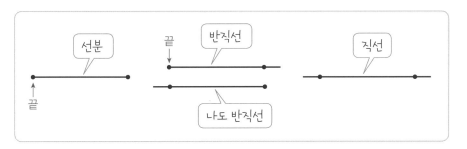

🐭 답을 쓰기 전에 문제를 소리 내어 읽어 보세요.
읽지 않고 빈칸만 채우면 머릿속에 남지 않아요.

1. ____선분____ 은 양쪽으로 끝이 있지만 _____은 끝이 없고, 반직선은 한쪽만 끝이 있습니다.

2. ____직선____ 은 양쪽 끝이 정해지지 않은 선이고, _____은 한쪽 끝이 정해진 선입니다.

3. ____반직선____ 은 한쪽 끝이 정해지지 않은 선이고, _____은 두 점 사이의 길이가 정해진 선입니다.

4. ____반직선____ 은 시작점이 있지만 _____은 시작점이 없습니다.

5. _____은 양쪽으로 끝이 있어 길이를 가지고 있습니다.

6. 선분, 반직선은 _____의 일부분입니다.

선분, 반직선, 직선을
쉽게 구분하는
나만의 방법을
찾았어.

첫째, 끝이 있는지?
없는지?를
먼저 구분해.
둘째, 한쪽 끝인지?
양쪽 끝인지?
구분할 수 있으면
되는 거야.

1. 각에 대한 설명입니다. 밑줄 친 부분에 알맞게 쓰세요.

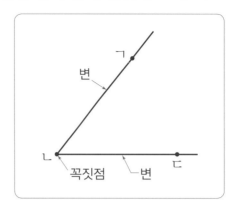

(1) 한 점에서 그은 두 반직선으로 이루어진 도형을 _____이라고 합니다.

(2) 한 점에서 그은 _____으로 이루어진 도형을 각이라고 합니다.

(3) 이 각을 _____각 ㄱㄴㄷ_____

또는 _____이라고 합니다.

🐭 각을 읽을 때 세 점 ㄱ, ㄴ, ㄷ 중 꼭짓점인 ㄴ이 가운데 오도록 읽어야 해요.

(4) 점 ㄴ을 각의 _____이라고 합니다.

(5) 반직선 ㄴㄱ과 반직선 ㄴㄷ을 각의 _____이라고 합니다.

(6) 이 변을 _____변 ㄴㄱ_____과 _____이라고 합니다.

2. 각과 변을 읽어 보세요.

🐭 각 ㅁㄹㄷ이라고도 읽어요.

(1)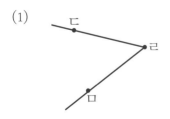

(2)

(3)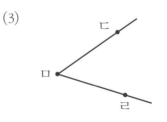

각: _____각 ㄷㄹㅁ_____

각: _____

각: _____

각의 변: _변 ㄹㄷ, 변 ㄹㅁ_

각의 변: _____

각의 변: _____

⭐ 다음 도형은 각이 아닙니다. 각이 <u>아닌</u> 이유를 따라 쓰세요.

1.

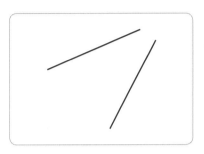

이유 두 직선이 한 점에서 만나지 않았으므로 각이 아닙니다.

따라쓰기 두 직선이 _____

2.

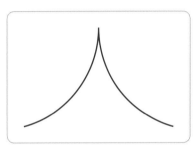

🐭 이렇게 쓸 수도 있어요.
이유 곧은 선이 아닌 굽은 선으로 이루어졌기 때문에 각이 아닙니다.

이유 직선이 아닌 곡선으로 이루어졌으므로 각이 아닙니다.

따라쓰기 _____

3.

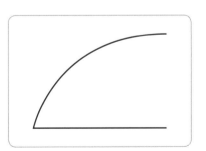

이유 반직선 2개로 이루어져야 하는데 곡선이 1개 있으므로 각이 아닙니다.

따라쓰기 _____

⭐ 직각에 대한 설명입니다. 빈칸에 알맞게 쓰세요.

1.

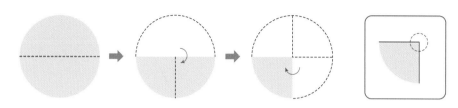

종이를 반듯하게 두 번 접었을 때 생기는 각을 _____ 이라고 합니다.

🐭 종이를 한 번 접고 나서 두 번째 접을 때
처음 접었던 자리가 일치하게 접는다는 의미예요.

2.

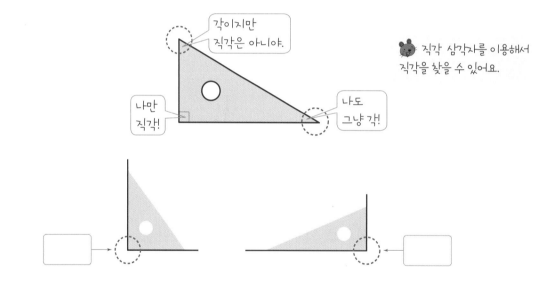

각이지만
직각은 아니야.

나만
직각!

나도
그냥 각!

🐭 직각 삼각자를 이용해서
직각을 찾을 수 있어요.

_____ 를 대었을 때 꼭 맞게 겹쳐지는 각을 직각이라고 합니다.

🐭 사용한 자의 이름을 써요.

3.

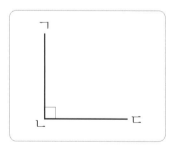

직각 ㄱㄴㄷ을 나타낼 때에는 ___꼭짓점 ㄴ___ 에 ⌐ 표시를 합니다.

1. 직각삼각형에 대한 설명입니다. 밑줄 친 부분에 알맞게 쓰세요.

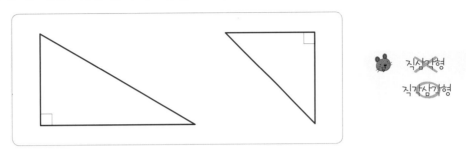

(1) 한 각이 직각인 삼각형을 _____ 이라고 합니다.

(2) 직각삼각형은 _____ 인 삼각형입니다.

2. 다음 도형은 직각삼각형이 아닙니다. 직각삼각형이 <u>아닌</u> 이유를 쓰세요.

(1)

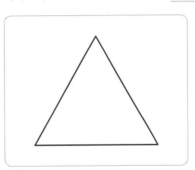

🐭 이유를 쓸 땐 어떤 도형을 직각삼각형이라 하는지 생각하 면서 쓰면 돼요.

[이유] ____한 각이 직각인 삼각형____ 이 아닙니다.

(2)

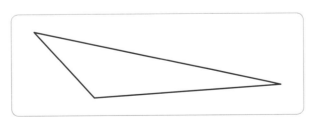

[이유] _____

1. 직사각형에 대한 설명입니다. 밑줄 친 부분에 알맞게 쓰세요.

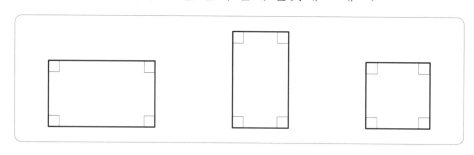

🐭 ~~직각사각형~~ ⃝직사각형⃝

(1) 네 각이 모두 직각인 사각형을 _____ 이라고 합니다.

(2) 직사각형은 _____ 인 사각형입니다.

2. 다음 도형은 직사각형이 아닙니다. 직사각형이 <u>아닌</u> 이유를 쓰세요.

(1)

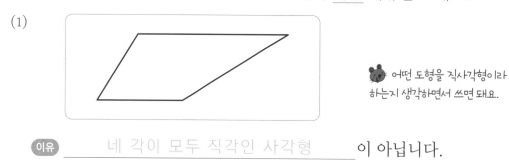

🐭 어떤 도형을 직사각형이라 하는지 생각하면서 쓰면 돼요.

이유 _____ 네 각이 모두 직각인 사각형 _____ 이 아닙니다.

(2)

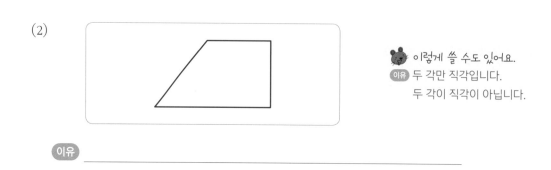

🐭 이렇게 쓸 수도 있어요.
이유 두 각만 직각입니다.
두 각이 직각이 아닙니다.

이유 _____

1. 정사각형에 대한 설명입니다. 밑줄 친 부분에 알맞게 쓰세요.

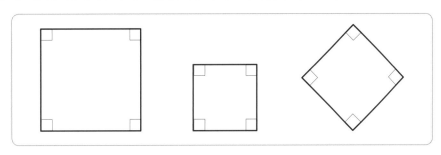

(1) 네 각이 모두 ___직각___ 이고 ___네___ 변의 길이가 모두 같은 사각형을

_____ 이라고 합니다.

(2) 정사각형은 네 각이 _____ 이고 _____ 가 모두

같은 사각형입니다.

2. 다음 도형은 정사각형이 아닙니다. 정사각형이 <u>아닌</u> 이유를 쓰세요.

(1)

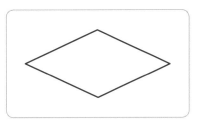

정사각형의 뜻을 생각해 보세요.

이유 네 변의 길이는 모두 같지만 _____네 각이 모두 직각_____ 인

사각형이 아닙니다.

(2)

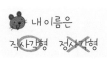

내 이름은

직사각형 정사각형

이유 네 각이 모두 직각이지만 _____

사각형이 아닙니다.

☆ 도형의 이름을 쓰고 그 이유를 쓰세요.

1.

🐭 모양과 크기가 달라도
네 각이 모두 직각이면 바로 이 도형이에요.

도형 이름 _____

이유 _____이기 때문입니다.

2.

🐭 직사각형 중에서
네 변의 길이가 같은 사각형이에요.

도형 이름 _____

이유 네 각이 _____ 이고 _____가 모두 같기 때문

입니다.

1. 한 변이 ③ cm인 정사각형의 네 변의 길이의 합은 몇 cm일까요?

대표 문제

🐭 **속닥속닥**

문제에서 숫자는 ○,
조건 또는 구하는 것은 ＿로
표시해 보세요.

> **생각하며 푼다!**
>
> 정사각형은 [네] 변의 길이가 모두 같으므로 네 변의 길이의
>
> 합은 3 cm의 [ ] 배인 [ ] cm입니다.
>
> 답 ＿＿＿＿＿＿＿＿＿＿

🐭 3 cm를 4번 더해서 구할 수도 있어요. 3+3+3+3=12 (cm)

2. 한 변이 10 cm인 정사각형 모양의 색종이가 있습니다. 이 색종이의 네 변의 길이의 합은 몇 cm일까요?

> **생각하며 푼다!**
>
> 정사각형은 [ ] 가 모두 같습니다.
>
> 따라서 색종이의 네 변의 길이의 합은 [ ] cm의 [ ] 배인
>
> [ ] cm입니다.
>
> 답 ＿＿＿＿＿＿＿＿＿＿

3. 정사각형 모양의 땅에 울타리를 세우려고 합니다. 한 변에 필요한 울타리가 5 m일 때 울타리는 모두 몇 m가 필요할까요?

구하려는 모양이
정사각형이니까
4를 떠올리고
계산하면 돼.
정사각형은
네(4) 변의 길이가
같으니까!

> **생각하며 푼다!**
>
>
>
> 답 ＿＿＿＿＿＿＿＿＿＿

2. 평면도형

1. ☐ 안에 알맞은 말을 써넣으세요.

> 두 점을 곧게 이은 선을 ☐,
> 한 점에서 시작하여 한쪽으로 끝
> 없이 늘인 곧은 선을 ☐,
> 선분을 끝없이 늘인 곧은 선을
> ☐ 이라고 합니다.

2. 도형의 이름을 써 보세요.

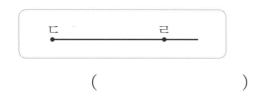

( )

⭐ 그림을 보고 ☐ 안에 알맞은 말을 써 넣으세요. [3~4]

3.

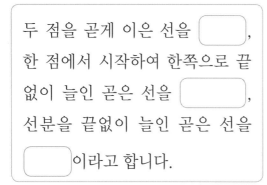

4.

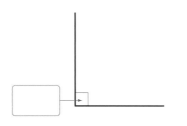

5. 직각삼각형에 대한 설명입니다. ☐ 안에 알맞은 말을 써넣으세요.

> 직각삼각형은
> ☐ 인 삼각형입니다.

6. 네 각이 모두 직각인 사각형을 무엇이라고 할까요?

( )

7. 오른쪽 도형은 정사각형이 아닙니다. 정사각형이 <u>아닌</u> 이유를 써 보세요. (20점)

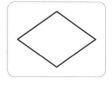

이유
_____
_____

8. 한 변이 4 cm인 정사각형이 있습니다. 이 정사각형의 네 변의 길이의 합은 몇 cm일까요? (20점)

( )

셋째 마당

문장으로 익히는
나눗셈

셋째 마당에서는 나눗셈을 이용한 문장제를 배웁니다.
똑같이 나누는 것은 우리 생활 속에서도 자주 일어나는 일이에요.
문장을 읽고 생활 속 상황을 떠올리며
나눗셈식을 세우는 연습을 해 보세요.

나누어 줄 물건을 그림으로 그려 묶음으로 생각하면 쉬워요!

10. 똑같이 나누기

☆ 나눗셈식을 보고 ☐ 안에 알맞은 수를 써넣으세요.

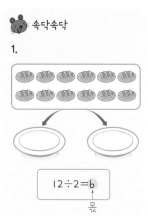
1. 12÷2=6

> 빵 12개를 접시 2 개에 똑같이 나누어 담으면 접시 한 개
> 에 ☐ 개씩 담을 수 있습니다.

2. 24÷8=3

> 색종이 24장을 ☐ 명이 똑같이 나누어 가지면 한 명이 색
> 종이를 ☐ 장씩 가질 수 있습니다.

3. 27÷3=9

> 연필 27자루를 필통 ☐ 개에 똑같이 나누어 담으면 필통
> 한 개에 연필을 ☐ 자루씩 담을 수 있습니다.

4. 30÷6=5

> 100원짜리 동전 30개를 주머니 ☐ 개에 똑같이 나누어
> 넣으면 주머니 한 개에 100원짜리 동전을 ☐ 개씩 넣을
> 수 있습니다.

5. 48÷8=6

> 학생 ☐ 명이 의자 ☐ 개에 똑같이 나누어 앉으면 의자
> 한 개에 학생이 ☐ 명씩 앉을 수 있습니다.

똑같이 나누기를 할 때 묶음의 수로 똑같이 나누면 한 묶음 안에 있는 수는 몇 개씩이 되는지 생각하면 돼요. 즉 한 묶음의 크기가 나눗셈의 몫이에요.

1. 농구공 **24**개를 바구니 **6**개에 똑같이 나누어 담으려고 합니다. 바구니 한 개에 농구공을 몇 개씩 담을 수 있을까요?

속닥속닥

식 ___ 24 ÷ 6 = ☐ ___   답 _____

2. 초콜릿 **36**개를 **9**명에게 똑같이 나누어 주려고 합니다. 한 명에게 초콜릿을 몇 개씩 줄 수 있을까요?

식 ___ ☐ ÷ ☐ = ☐ ___   답 _____

3. 금붕어 **40**마리를 어항 **5**개에 똑같이 나누어 넣으려고 합니다. 어항 한 개에 몇 마리씩 넣어야 할까요?

식 ___ ☐ ÷ ☐ = ☐ ___   답 _____

4. 공깃돌 **56**개를 **7**명이 똑같이 나누어 가지려고 합니다. 한 명이 공깃돌을 몇 개씩 가질 수 있을까요?

식 ___ ☐ ÷ ☐ = ☐ ___   답 _____

☆ 나눗셈식을 보고 ☐ 안에 알맞은 수를 써넣으세요.

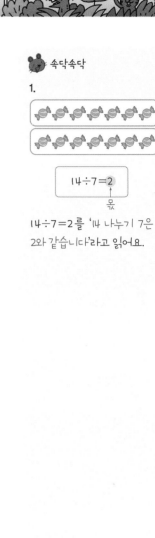

🐭 속닥속닥

1.

$14 \div 7 = 2$
↑
몫

$14 \div 7 = 2$를 '14 나누기 7은 2와 같습니다'라고 읽어요.

1.　$14 \div 7 = 2$

사탕 14개를 한 명에게 ☐개씩 나누어 주면 ☐명에게 나누어 줄 수 있습니다.
└➔몫

2.　$15 \div 5 = 3$

색종이 15장을 한 명에게 ☐장씩 나누어 주면 ☐명에게 나누어 줄 수 있습니다.

3.　$21 \div 3 = 7$

성준이네 반 학생 21명을 ☐명씩 한 모둠으로 만들면 ☐모둠을 만들 수 있습니다.

4.　$32 \div 8 = 4$

동화책 32권을 책꽂이 한 개에 ☐권씩 꽂으면 책꽂이 ☐개에 꽂을 수 있습니다.

5.　$63 \div 9 = 7$

장미 ☐송이를 꽃병 한 개에 ☐송이씩 꽂으면 꽃병 ☐개에 꽂을 수 있습니다.

1. 딸기 18개를 한 명에게 3개씩 나누어 주려고 합니다. 몇 명에게 나누어 줄 수 있을까요?

🐭 속닥속닥

식 ⬜ ÷ ⬜ = ⬜   답 _____

2. 과자 24개를 한 접시에 4개씩 담으려고 합니다. 접시는 몇 접시가 필요할까요?

식 ⬜ ÷ ⬜ = ⬜   답 _____

3. 곶감 35개를 한 상자에 7개씩 담으려고 합니다. 상자는 몇 상자가 필요할까요?

식 ⬜ ÷ ⬜ = ⬜   답 _____

4. 하트 모양 붙임딱지가 72장 있습니다. 종이 한 장에 8장씩 붙이려고 합니다. 종이는 몇 장이 필요할까요?

식 ⬜ ÷ ⬜ = ⬜   답 _____

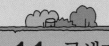
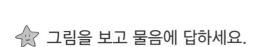 그림을 보고 물음에 답하세요.

속닥속닥

• 곱셈식은 2개의 나눗셈식 으로 나타낼 수 있어요.

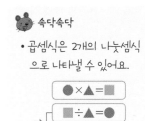

1. 사과가 9개씩 2줄로 놓여 있습니다.

$9 \times 2 = 18$

(1) 사과 18개를 2봉지에 똑같이 나누어 담으면 한 봉지에 사과를 몇 개씩 담을 수 있을까요?

식 ⬚ ÷ ⬚ = ⬚   답 ＿＿＿＿＿

(2) 사과 18개를 한 봉지에 9개씩 담으면 몇 봉지에 나누어 담을 수 있을까요?

식 ⬚ ÷ ⬚ = ⬚   답 ＿＿＿＿＿

2. 지우개가 8개씩 3줄로 놓여 있습니다.

$8 \times 3 = 24$

(1) 지우개 24개를 3명에게 똑같이 나누어 주면 한 명에게 몇 개씩 줄 수 있을까요?

식 ⬚ ÷ ⬚ = ⬚   답 ＿＿＿＿＿

(2) 지우개 24개를 한 명에게 8개씩 나누어 주면 몇 명에게 나누어 줄 수 있을까요?

식 ⬚ ÷ ⬚ = ⬚   답 ＿＿＿＿＿

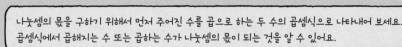
⭐ ☐ 안에 알맞은 수를 써넣으세요.

🐭 속닥속닥

1. 메론이 4통씩 5줄로 놓여 있습니다.

(1) 메론은 모두 $\boxed{4} \times \boxed{5} = \boxed{}$(개)입니다.

(2) 메론 20통을 4상자에 똑같이 나누어 담으면 한 상자에 $\boxed{}$통씩 담을 수 있습니다.

$$20 \div 4 = \boxed{}\text{(통)}$$

(3) 메론 20통을 한 상자에 $\boxed{}$통씩 똑같이 나누어 담으면 4상자에 나누어 담을 수 있습니다.

$$20 \div \boxed{} = \boxed{}\text{(상자)}$$

2. 색종이가 9장씩 6줄로 놓여 있습니다.

(1) 색종이는 모두 $\boxed{9} \times \boxed{} = \boxed{}$(장)입니다.

(2) 색종이 54장을 9명에게 똑같이 나누어 주면 한 명에게 $\boxed{}$장씩 줄 수 있습니다.

$$54 \div 9 = \boxed{}\text{(장)}$$

(3) 색종이 54장을 한 명에게 $\boxed{}$장씩 주면 9명에게 나누어 줄 수 있습니다.

$$54 \div \boxed{} = \boxed{}\text{(명)}$$

1. 초콜릿 27개를 한 명에게 3개씩 나누어 주려고 합니다. 몇 명에게 나누어 줄 수 있을까요?

🐭 **속닥속닥**

1. 초콜릿을 한 묶음에 3개 씩 나누어 보세요.
   묶음 수가 바로 구해야 할 몫이 돼요.

나눗셈식 $27 \div 3 = \boxed{}$ 곱셈식 $3 \times \boxed{} = 27$

답 _____

2. 공책 32권을 한 명에게 4권씩 나누어 주려고 합니다. 몇 명에게 나누어 줄 수 있을까요?

나눗셈식 $32 \div \boxed{} = \boxed{}$ 곱셈식 $4 \times \boxed{} = 32$

답 _____

3. 음료수 48병을 한 상자에 8병씩 담으려고 합니다. 상자는 몇 상자가 필요할까요?

나눗셈식 _____   곱셈식 _____

답 _____

4. 딸기 72개를 한 접시에 9개씩 담으려고 합니다. 접시는 몇 접시가 필요할까요?

나눗셈식 _____   곱셈식 _____

답 _____

1. 감자 16개를 한 바구니에 8개씩 나누어 담으려고 합니다. 바구니는 몇 개가 필요할까요?

    나눗셈식 _____   곱셈식 _____

    답 _____

2. 24명의 어린이가 4명씩 자동차를 타려고 합니다. 자동차는 몇 대가 필요할까요?

    나눗셈식 _____   곱셈식 _____

    답 _____

3. 45쪽짜리 동화책을 하루에 9쪽씩 매일 읽으려고 합니다. 이 동화책을 모두 읽으려면 며칠이 걸릴까요?

    나눗셈식 _____   곱셈식 _____

    답 _____

4. 연필 54자루를 한 명에게 6자루씩 주려고 합니다. 몇 명에게 나누어 줄 수 있을까요?

    나눗셈식 _____   곱셈식 _____

    답 _____

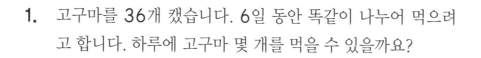

12. 나눗셈의 몫을 곱셈구구로 구하기

 속닥속닥

1. 고구마를 36개 캤습니다. 6일 동안 똑같이 나누어 먹으려고 합니다. 하루에 고구마 몇 개를 먹을 수 있을까요?

식 _____   답 _____

2. 길이가 42 cm인 철사가 있습니다. 7도막으로 똑같이 나누어 그중 한 도막을 사용하였습니다. 사용한 철사 한 도막은 몇 cm일까요?

식 _____   답 _____

3. 사과 파이를 63개 만들었습니다. 9상자에 똑같이 나누어 담으면 한 상자에 사과 파이 몇 개를 담을 수 있을까요?

식 _____   답 _____

 나 혼자 문제 만들고 푼다!

4. '딸기 12개', '4접시', '똑같이 나누어'를 사용하여 나눗셈 문제를 만들고 풀어 보세요.

4. 주어진 말을 똑같이 사용해야 해요. 위 3번 문제를 참조해 나눗셈 문제를 만들어 보세요.

문제

식 _____   답 _____

1. 동화책이 30권 있습니다. 책꽂이 한 칸에 5권씩 꽂는다면 책꽂이 몇 칸에 꽂을 수 있을까요?

🐭 속닥속닥

식 _____   답 _____

2. 미니 인형이 36개 있습니다. 한 명에게 9개씩 나누어 주면 몇 명에게 나누어 줄 수 있을까요?

식 _____   답 _____

3. 수수깡이 72개 있습니다. 한 모둠에 8개씩 나누어 주면 몇 모둠에 나누어 줄 수 있을까요?

식 _____   답 _____

🐭 나 혼자 문제 만들고 푼다!

4. '멜론 28개', '한 상자에 4개씩', '몇 상자에'를 사용하여 나눗셈 문제를 만들고 풀어 보세요.

4. 주어진 조건을 살펴보면 멜론의 수는 28개, 상자 안에 들어가는 멜론의 수는 4개예요.
알 수 없는 건 상자 수가 되겠지요?
그래서 구해야 하는 건 상자 수가 되는 거예요.

문제

식 _____   답 _____

1. 도화지 한 장으로 종이비행기 4개를 만들 수 있습니다. 종이비행기 12개를 만들려면 도화지 몇 장이 필요할까요?

식 _____ 답 _____

🐭 나눗셈식을 써 보세요.

🐭 속닥속닥
• 곱셈식으로 나타내고 답을 구할 수도 있지만 나눗셈식을 이용해서 문제를 풀어 보세요.
즉 4×□=12 과정은 생략하고 12÷4를 이용해서 답을 구하면 돼요.

2. 책상 한 개에 의자를 6개 놓을 수 있습니다. 의자 30개를 놓으려면 책상 몇 개가 필요할까요?

식 _____ 답 _____

3. 긴 의자 한 개에 8명이 앉을 수 있습니다. 현서네 반 학생 32명이 앉으려면 긴 의자 몇 개가 필요할까요?

식 _____ 답 _____

🐭 나 혼자 문제 만들고 푼다!

4. '놀이기구 한 대에 5명', '어린이 20명', '몇 대가 필요할까요?'를 사용하여 나눗셈 문제를 만들고 풀어 보세요.

문제

식 _____ 답 _____

1. 어느 과수원에서 오전에 딴 배 ⑲개와 오후에 딴 배 ⑰개를 봉지에 똑같이 나누어 담았더니 ⑨봉지가 되었습니다. 한 봉지에 배를 몇 개씩 담았나요?

🐭 속닥속닥

문제에서 숫자는 ○,
조건 또는 구하는 것은 ___로
표시해 보세요.

대표문제

생각하며 푼다!

배는 모두 ☐ + ☐ = ☐ (개)입니다.

(한 봉지에 담은 배의 수)=(전체 배의 수)÷(봉지 수)

= ☐ ÷ ☐ = ☐ (개)

답 _____

2. 내가 가져온 색종이 24장과 민우가 가져온 색종이 18장을 합하여 친구들에게 6장씩 나누어 주려고 합니다. 몇 명에게 나누어 줄 수 있을까요?

생각하며 푼다!

색종이는 모두 ☐ + ☐ = ☐ (장)입니다.

(나누어 줄 친구 수)

=(전체 색종이 수)÷(친구 한 명에게 나누어 줄 색종이 수)

= ☐ ÷ ☐ = ☐ (명)

답 _____

3. 우리 반은 남학생이 47명, 여학생이 16명입니다. 우리 반 학생을 7모둠으로 나누었습니다. 한 모둠에 있는 학생은 몇 명일까요?

생각하며 푼다!

답 _____

복잡한 문제 아냐!
전체 수를 구하는
덧셈 과정만 더
추가하면 되거든.
먼저 전체 수를
구하고,
나눗셈식을 세우면 돼.

3. 나눗셈

1. 동화책이 24권 있습니다. 한 주에 3권씩 읽으면 몇 주 동안 읽을 수 있을까요?

(   )

2. 고구마를 45개 캤습니다. 5봉지에 똑같이 나누어 담으려면 한 봉지에 고구마 몇 개를 담을 수 있을까요?

(   )

3. 와플 18개를 3상자에 똑같이 나누어 담으려고 합니다. 한 상자에 와플 몇 개를 담을 수 있을까요?

(   )

4. 장난감 자동차가 36개 있습니다. 한 명에게 9개씩 나누어 주면 몇 명에게 나누어 줄 수 있을까요?

(   )

5. 축구공 48개를 바구니 8개에 똑같이 나누어 담으려고 합니다. 바구니 한 개에 축구공을 몇 개씩 담을 수 있을까요?

(   )

6. 수수깡이 54개 있습니다. 한 모둠에 6개씩 나누어 주면 몇 모둠에 나누어 줄 수 있을까요?

(   )

7. 길이가 64 cm인 색 테이프가 있습니다. 8도막으로 똑같이 나누어 그중 한 도막을 사용하였습니다. 사용한 색 테이프 한 도막은 몇 cm일까요?

(   )

8. 곶감 63개를 한 상자에 9개씩 담으려고 합니다. 상자는 몇 상자 필요할까요?

(   )

9. 노란색 구슬 19개와 파란색 구슬 37개를 합하여 학생 한 명에게 7개씩 나누어 주려고 합니다. 몇 명에게 나누어 줄 수 있을까요? (20점)

(   )

넷째 마당

문장으로 익히는
곱셈

넷째 마당에서는 곱셈을 이용한 문장제를 배웁니다.
식은 바르게 세웠지만 계산을 자주 틀린다면,
곱셈 연습을 더 하고 와서 문장제를 풀어야 해요.

3학년 2학기에는 더 큰
수의 곱셈을 배우니까,
이 마당은 확실하게
공부하고 넘어가야 해요!

13. (몇십)×(몇), 올림이 없는 (몇십몇)×(몇)

1. 학생들에게 나누어 줄 도화지가 ⑤⓪장씩 ②묶음 있습니다.

대표문제 도화지는 모두 몇 장일까요?

🐭 속닥속닥

문제에서 숫자는 ○,
조건 또는 구하는 것은 ＿로
표시해 보세요.

1. 5×2=10
   → 50×2=100

생각하며 푼다!

(전체 도화지 수)
=(한 묶음의 도화지 수)×(묶음 수)
= ☐ × ☐ = ☐ (장)

답 ＿＿＿＿＿＿＿＿＿

2. 사탕이 20개씩 들어 있는 통이 7통 있습니다. 사탕은 모두
몇 개일까요?

생각하며 푼다!

(전체 사탕 수)
=(한 통에 들어 있는 사탕 수)×(통 수)
= ☐ × ☐ = ☐ (개)

답 ＿＿＿＿＿＿＿＿＿

3. 지안이는 농장에서 딸기를 땄습니다. 한 바구니에 30개씩
4바구니에 담았다면 딸기는 모두 몇 개일까요?

생각하며 푼다!

(전체 딸기 수)
=(한 바구니에 담은 딸기 수)×(바구니 수)
= ☐ × ☐ = ☐ (개)

답 ＿＿＿＿＿＿＿＿＿

1. 시형이가 가지고 있는 붙임딱지는 몇 장일까요?

 속닥속닥

문제에서 숫자는 ○,
조건 또는 구하는 것은 ___로
표시해 보세요.

대표
문제

> • 준아: 나는 붙임딱지를 ⑩장 가지고 있어.
> • 수민: 나는 준아가 가지고 있는 붙임딱지 수의 ④배를 가지고 있어.
> • 시형: 나는 수민이가 가지고 있는 붙임딱지 수의 ②배를 가지고 있어.

생각하며 푼다!

(수민이가 가지고 있는 붙임딱지 수)

=(준아가 가지고 있는 붙임딱지 수)×4

= ☐10☐ × ☐4☐ = ☐ (장)

(시형이가 가지고 있는 붙임딱지 수)

=(수민이가 가지고 있는 붙임딱지 수)×2

= ☐ × ☐ = ☐ (장)

답 _____

2. 파란색 끈의 길이는 몇 cm일까요?

> • 빨간색 끈의 길이는 20 cm입니다.
> • 노란색 끈의 길이는 빨간색 끈의 길이의 3배입니다.
> • 파란색 끈의 길이는 노란색 끈의 길이의 4배입니다.

생각하며 푼다!

(노란색 끈의 길이)=(빨간색 끈의 길이)×3

= ☐20☐ × ☐ = ☐ (cm)

(파란색 끈의 길이)=(노란색 끈의 길이)×4

= ☐ × ☐ = ☐ (cm)

답 _____

1. 인절미가 한 상자에 **34**개씩 들어 있습니다. **2**상자에 들어
있는 인절미는 모두 몇 개일까요?

🐭 속닥속닥
문제에서 숫자는 ◯,
조건 또는 구하는 것은 ＿로
표시해 보세요.

생각하며 푼다!

(전체 인절미 수)
=(한 상자에 들어 있는 인절미 수)×(상자 수)
=☐×☐=☐(개)

답 _____

2. 수정이 어머니의 연세는 올해 **41**세입니다. 수정이 할아버
지의 연세는 어머니의 연세의 **2**배입니다. 할아버지의 연세
는 몇 세일까요?

생각하며 푼다!

(할아버지의 연세)
=(어머니의 연세)×2
=☐×☐=☐(세)

답 _____

3. 지석이네 농장에는 닭이 **32**마리 있습니다. 지석이네 농장
에 있는 닭의 다리는 모두 몇 개일까요?

생각하며 푼다!

(전체 닭의 다리 수)
=(닭의 수)×(닭 한 마리의 다리 수)
=☐×☐=☐(개)

답 _____

1. 가족의 나이를 더하면 모두 얼마일까요?

 대표 문제

- 윤서: 나는 ⑩살이에요.
- 현우: 나는 윤서보다 ③살이 더 많아요.
- 어머니: 나의 나이는 현우 나이의 ③배예요.
- 아버지: 윤서 나이와 ⑤의 곱이 나의 나이예요.

속닥속닥

문제에서 숫자는 ○,
조건 또는 구하는 것은 ___로
표시해 보세요.

생각하며 푼다!

윤서의 나이
(현우의 나이)= ☐ +3= ☐ (살)

현우의 나이
(어머니의 나이)= ☐ ×3= ☐ (살)

윤서의 나이
(아버지의 나이)= ☐ ×5= ☐ (살)

윤서   현우   어머니   아버지
➡ ☐ + ☐ + ☐ + ☐ = ☐ (살)

답 _____

인내심이 필요한
문제야.
3명의 나이를
모두 구한 다음에
4명의 나이를 모두
더해야 하니까!

2. 구슬은 모두 몇 개일까요?

- 파란색 구슬은 30개입니다.
- 주황색 구슬은 파란색 구슬보다 4개가 더 많습니다.
- 초록색 구슬은 주황색 구슬의 2배입니다.
- 보라색 구슬은 파란색 구슬의 3배입니다.

생각하며 푼다!

파란색 구슬 수
(주황색 구슬 수)= ☐ +4= ☐ (개)

주황색 구슬 수
(초록색 구슬 수)= ☐ ×2= ☐ (개)

파란색 구슬 수
(보라색 구슬 수)= ☐ ×3= ☐ (개)

파란색   주황색   초록색   보라색
➡ ☐ + ☐ + ☐ + ☐ = ☐ (개)

답 _____

이 문제를 끝까지
잘 풀면 자동으로
끈기 있는 학생이
될 것 같아.

14. 십의 자리에서 올림이 있는 (몇십몇)×(몇)

1. 운동장에 어린이들이 ③1명씩 ⑧줄로 서 있습니다. 운동장
에 서 있는 어린이는 모두 몇 명일까요?

대표
문제

> 생각하며 푼다!
>
> 31명씩 8줄 ➡ ☐ × ☐ = ☐ (명)
>
> 따라서 운동장에 서 있는 어린이는 모두 ☐ 명입니다.
>
> 답 _____

🐭 속닥속닥

문제에서 숫자는 ○,
조건 또는 구하는 것은 ___로
표시해 보세요.

1.
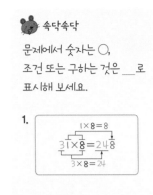

2. 책꽂이 한 칸에 책이 42권씩 4칸에 꽂혀 있습니다. 책꽂이
에 꽂혀 있는 책은 모두 몇 권일까요?

> 생각하며 푼다!
>
> 42권씩 4칸 ➡ ☐ × ☐ = ☐ (권)
>
> 따라서 책꽂이에 꽂혀 있는 책은 모두 ☐ 권입니다.
>
> 답 _____

3. 효리는 미술 시간에 리본 테이프를 64 cm씩 2번 사용했
습니다. 미술 시간에 사용한 리본 테이프는 모두 몇 cm일
까요?

> 생각하며 푼다!
>
> 64 cm씩 2번 ➡
>
>
>
> 답 _____

1. 정민이는 한국사 책을 하루에 ㉠21쪽씩 읽었습니다. ㉠6일 동안 읽은 한국사 책은 모두 몇 쪽일까요?

🐭 속닥속닥

문제에서 숫자는 ○,
조건 또는 구하는 것은 ___로
표시해 보세요.

생각하며 푼다!

(6일 동안 읽은 한국사 책 쪽수)
=(하루에 읽은 한국사 책 쪽수)×(날수)
=☐×☐=☐(쪽)

답 _____

2. 준기는 줄넘기를 아침마다 **72**번씩 합니다. 준기가 **3**일 동안 한 줄넘기는 모두 몇 번일까요?

생각하며 푼다!

(3일 동안 한 줄넘기 수)
=(아침마다 한 줄넘기 수)×(날수)
=☐×☐=☐(번)

답 _____

3. 지성이는 걷기 운동으로 한 바퀴의 거리가 **92** m인 운동장을 **4**바퀴 걸었습니다. 지성이가 걸은 거리는 모두 몇 m일까요?

생각하며 푼다!

(지성이가 걸은 거리)
=(운동장 한 바퀴 거리)×(바퀴 수)
=☐×☐=☐(m)

답 _____

1. 쌓기나무를 한 층에 ④1개씩 쌓으려고 합니다. ⑤층까지 쌓

으려면 쌓기나무는 모두 몇 개 필요할까요?

문제에서 숫자는 ○,
조건 또는 구하는 것은 ＿로
표시해 보세요.

생각하며 푼다!

(5층까지 쌓는 데 필요한 쌓기나무 수)

＝(한 층에 쌓는 쌓기나무 수)×(층수)

＝ ☐ × ☐ ＝ ☐ (개)

답 _____

2. 상자를 한 층에 32개씩 쌓으려고 합니다. 4층까지 쌓으려

면 상자는 모두 몇 개 필요할까요?

생각하며 푼다!

(4층까지 쌓는 데 필요한 상자 수)

＝(한 층에 쌓는 상자 수)×(층수)

＝ ☐ × ☐ ＝ ☐ (개)

답 _____

3. 벽돌을 한 층에 83개씩 쌓으려고 합니다. 3층까지 쌓으려

면 벽돌은 모두 몇 개 필요할까요?

생각하며 푼다!

(3층까지 쌓는 데 필요한 벽돌 수)

＝(한 층에 쌓는 벽돌 수)×(층수)

＝ ☐ × ☐ ＝ ☐ (개)

답 _____

1. 자전거 가게에 세발자전거가 **52**대, 두발자전거가 **73**대
있습니다. 자전거 바퀴는 모두 몇 개일까요?

대표
문제

🐻 속닥속닥

문제에서 숫자는 ◯,
조건 또는 구하는 것은 ___로
표시해 보세요.

생각하며 푼다!

(세발자전거 바퀴 수)=(세발자전거 수)×(바퀴 수)

$$= \boxed{} \times \boxed{} = \boxed{} \text{(개)}$$

(두발자전거 바퀴 수)=(두발자전거 수)×(바퀴 수)

$$= \boxed{} \times \boxed{} = \boxed{} \text{(개)}$$

세발자전거 바퀴 수 ←　　　→ 두발자전거 바퀴 수

(자전거 바퀴 수)= $\boxed{}$ + $\boxed{}$ = $\boxed{}$ (개)

답 _____

2. 서진이는 줄넘기를 **62**번씩 **3**일 동안 했고, 지윤이는 **84**
번씩 **2**일 동안 했습니다. 두 사람이 한 줄넘기는 모두 몇 번
일까요?

생각하며 푼다!

(서진이의 줄넘기 수)= $\boxed{}$ × $\boxed{}$ = $\boxed{}$ (번)

(지윤이의 줄넘기 수)= $\boxed{}$ × $\boxed{}$ = $\boxed{}$ (번)

서진　　　　　지윤

(두 사람의 줄넘기 수)= $\boxed{}$ + $\boxed{}$ = $\boxed{}$ (번)

답 _____

3. 문구점에 삼각자가 **31**개씩 **5**상자 있고, 지우개가 **42**개씩
4상자 있습니다. 삼각자와 지우개는 모두 몇 개일까요?

생각하며 푼다!

답 _____

15. 일의 자리에서 올림이 있는 (몇십몇)×(몇)

1. 연필이 한 상자에 ①2자루씩 ⑥상자 있습니다. 연필은 모두
대표 문제 몇 자루일까요?

🐭 속닥속닥

문제에서 숫자는 ◯,
조건 또는 구하는 것은 ___로
표시해 보세요.

> **생각하며 푼다!**
>
> ①2자루씩 ⑥상자 ➡ ☐ × ☐ = ☐ (자루)
>
> 따라서 연필은 모두 ☐ 자루입니다.
>
> 답 _____

1.
$$2 \times 6 = 12$$
$$12 \times 6 = 72$$
$$1 \times 6 + 1 = 7$$

계산하기

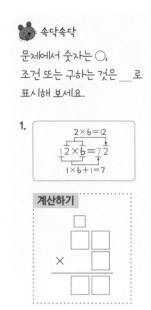

2. 사탕이 한 봉지에 19개씩 3봉지 있습니다. 사탕은 모두 몇
개일까요?

> **생각하며 푼다!**
>
> 19개씩 3봉지 ➡ ☐ × ☐ = ☐ (개)
>
> 따라서 사탕은 모두 ☐ 개입니다.
>
> 답 _____

계산하기

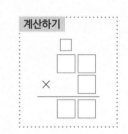

3. 고등어가 한 상자에 14마리씩 5상자 있습니다. 고등어는
모두 몇 마리일까요?

> **생각하며 푼다!**
>
> 14마리씩 5상자 ➡
>
>
>
> 답 _____

계산하기

일의 자리에서 올림이 있으면 십의 자리 계산을 할 때 올림한 수를 더해 주는 과정이 필요해요.
실수하지 않도록 가로셈을 세로셈으로 고쳐서 계산해 보세요.

1. 지안이는 매일 수학 문제를 ⓐ25ⓐ문제씩 풉니다. ⓐ3ⓐ일 동안 지안이가 푼 수학 문제는 모두 몇 문제일까요?

대표
문제

🐭 속닥속닥

문제에서 숫자는 ○,
조건 또는 구하는 것은 ___로
표시해 보세요.

생각하며 푼다!

(3일 동안 푼 수학 문제 수)
=(하루에 푼 수학 문제 수)×(날수)
= ☐ × ☐ = ☐ (문제)

답 _____

계산하기

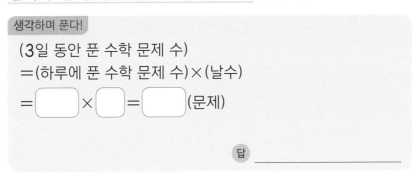

2. 성훈이는 하루에 책을 14쪽씩 일주일 동안 읽었습니다. 성훈이가 읽은 책은 모두 몇 쪽일까요?

생각하며 푼다!

(성훈이가 읽은 책의 쪽수)
=(하루에 읽은 책의 쪽수)×(날수)
= ☐ × ☐ = ☐ (쪽)

답 _____

계산하기

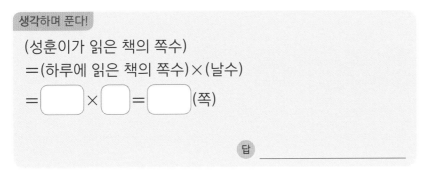

3. 재영이는 하루에 영어 단어를 18개씩 외우기로 하였습니다. 4일 동안 외워야 할 영어 단어는 모두 몇 개일까요?

생각하며 푼다!

(4일 동안 외워야 할 영어 단어 수)
=(하루에 외워야 할 영어 단어 수)×(☐)
= ☐ × ☐ = ☐ (개)

답 _____

계산하기

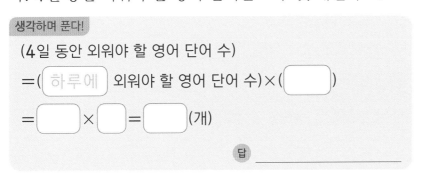

1. 매일 아침 진호와 진호 아버지는 윗몸 일으키기 운동을 합니다. 오늘 아침에 윗몸 일으키기를 진호는 13번 하였고, 진호 아버지는 진호의 5배를 하였습니다. 진호 아버지는 윗몸 일으키기를 몇 번 하였을까요?

🐭 속닥속닥
문제에서 숫자는 ○,
조건 또는 구하는 것은 ___로
표시해 보세요.

생각하며 푼다!

(진호 아버지가 한 윗몸 일으키기 수)

=(진호가 한 윗몸 일으키기 수)×5

= ◻ × ◻ = ◻ (번)

답 _____

계산하기

2. 민서와 민서 형은 바닷가에서 조개껍질을 주웠습니다. 민서는 19개를 주웠고, 형은 민서의 4배를 주웠습니다. 형이 주운 조개껍질은 몇 개일까요?

생각하며 푼다!

(형이 주운 조개껍질 수)

=(◻ 가 주운 조개껍질 수)× ◻

= ◻ × ◻ = ◻ (개)

답 _____

계산하기

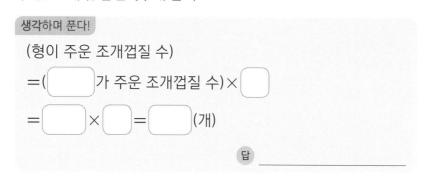

★3. 윤지 언니의 나이는 13살입니다. 이모의 나이는 윤지 언니 나이의 3배이고, 할아버지의 나이는 이모 나이의 2배입니다. 할아버지의 나이는 몇 살일까요?

생각하며 푼다!

(이모의 나이)=(윤지 언니의 나이)×3

= ◻ × ◻ = ◻ (살)

(할아버지의 나이)=(이모의 나이)×2

= ◻ × ◻ = ◻ (살)

답 _____

계산하기

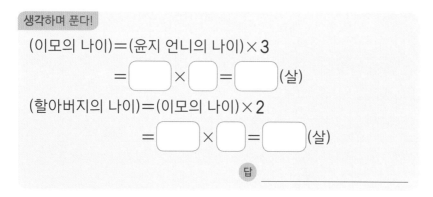

1. 과일 가게에 키위가 한 상자에 ⑫개씩 ⑧상자 있고, 사과가
대표문제 한 상자에 ⑯개씩 ④상자 있습니다. 키위와 사과 중 어느
것이 몇 개 더 많을까요?

🐭 속닥속닥

문제에서 숫자는 ◯,
조건 또는 구하는 것은 ___로
표시해 보세요.

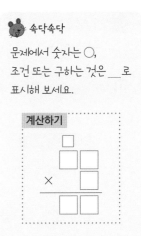

> **생각하며 푼다!**
>
> (키위 수)= ▢ × ▢ = ▢ (개)
>
> (사과 수)= ▢ × ▢ = ▢ (개)
>
> 따라서 키위 가 ▢ − ▢ = ▢ (개) 더 많습니다.
>
> 답 _____ , _____

2. 지우는 동화책을 ⑬쪽씩 ⑥일 동안 읽었고, 현서는 동화책
을 ⑰쪽씩 ⑤일 동안 읽었습니다. 누가 동화책을 몇 쪽 더
많이 읽었을까요?

> **생각하며 푼다!**
>
> (지우가 읽은 동화책 쪽수)= ▢ × ▢ = ▢ (쪽)
>
> (현서가 읽은 동화책 쪽수)= ▢ × ▢ = ▢ (쪽)
>
> 따라서 ▢ 가 동화책을 ▢ − ▢ = ▢ (쪽)
> 더 많이 읽었습니다.
>
> 답 _____ , _____

계산하기

3. 한 봉지에 ⑭개씩 든 사탕이 ③봉지, 한 봉지에 ⑲개씩 든 초
콜릿이 ②봉지 있습니다. 사탕과 초콜릿은 모두 몇 개일까요?

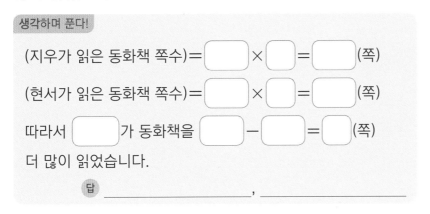

> **생각하며 푼다!**
>
> (사탕 수)= ▢ × ▢ = ▢ (개)
>
> (초콜릿 수)= ▢ × ▢ = ▢ (개)
>
> (사탕과 초콜릿 수)= ▢ + ▢ = ▢ (개)
>
> 답 _____

계산하기

16. 십, 일의 자리에서 올림이 있는 (몇십몇)×(몇)

⭐ 1부터 9까지의 수 중에서 □ 안에 들어갈 수 있는 수를 모두 구하세요.

🐭 속닥속닥

1. $19 \times 1 = 19$, $19 \times 2 = 38$,
   $19 \times 3 = 57$, $19 \times 4 = 76$,
   $19 \times 5 = 95$, $19 \times 6 = 114$,
   $19 \times 7 = 133$, $19 \times 8 = 152$,
   $19 \times 9 = 171$

□ 안에 1부터
9까지의 수를
모두 넣어 봐.
처음엔 시간이
걸리지만 곧 모든
수를 넣지 않아도
찾을 수 있는 요령이
생길 거야.

1.

$$38 \times 3 < 19 \times \square$$

생각하며 푼다!

$38 \times 3 = \boxed{}$ 이고 $19 \times 6 = \boxed{}$ 입니다.

따라서 □ 안에는 6보다 큰 $\boxed{}$, $\boxed{}$, $\boxed{}$가 들어갈 수 있습니다.

답 _____

2.

$$45 \times 2 > 15 \times \square$$

생각하며 푼다!

$45 \times 2 = \boxed{}$ 이고 $15 \times 6 = \boxed{}$ 입니다.

따라서 □ 안에는 $\boxed{}$보다 작은 $\boxed{}$, $\boxed{}$, $\boxed{}$, $\boxed{}$,

$\boxed{}$가 들어갈 수 있습니다.

답 _____

3.

$$17 \times 4 > 28 \times \square$$

생각하며 푼다!

$17 \times 4 = \boxed{}$ 이므로 $28 \times \square < \boxed{}$ 입니다.

따라서 $28 \times 1 = \boxed{}$, $28 \times 2 = \boxed{}$,

$28 \times 3 = \boxed{}$ 이므로 □ 안에는 $\boxed{}$보다 작은

$\boxed{}$, $\boxed{}$가 들어갈 수 있습니다.

답 _____

1. 유빈이가 다니는 학교에는 3학년이 ⑧개 반입니다. 각 반의 학생 수는 모두 ㉙명입니다. 유빈이네 학교 3학년 학생 수는 모두 몇 명일까요?

대표
문제

🐭 속닥속닥

문제에서 숫자는 ◯,
조건 또는 구하는 것은 ___로
표시해 보세요.

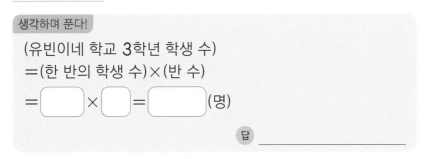

생각하며 푼다!

(유빈이네 학교 3학년 학생 수)
=(한 반의 학생 수)×(반 수)
=☐×☐=☐(명)

답 _____

계산하기

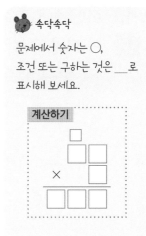

2. 지훈이는 아버지가 캐신 고구마를 한 상자에 36개씩 담았습니다. 4상자에 담은 고구마는 모두 몇 개일까요?

생각하며 푼다!

(4상자에 담은 고구마 수)
=(한 상자에 담은 고구마 수)×(상자 수)
=☐×☐=☐(개)

답 _____

계산하기

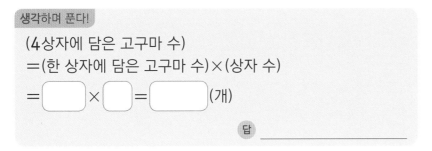

3. 한 대에 45명씩 탈 수 있는 버스가 있습니다. 이 버스 6대에는 모두 몇 명이 탈 수 있을까요?

생각하며 푼다!

(버스 6대에 탈 수 있는 사람 수)
=(버스 한 대에 탈 수 있는 사람 수)×(버스 수)
=☐×☐=☐(명)

답 _____

계산하기

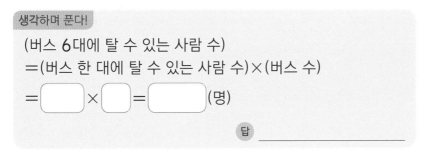

1. 어떤 수에 ⑦을 곱해야 할 것을 잘못하여 ⑦을 더했더니 ㊸
이 되었습니다. 바르게 계산하면 얼마일까요?

🐭 속닥속닥

문제에서 숫자는 ◯,
조건 또는 구하는 것은 ___로
표시해 보세요.

생각하며 푼다!

어떤 수를 □라 하면 □+7=43이므로

□=⬚－⬚=⬚ 입니다.

따라서 바르게 계산하면

⬚×⬚=⬚ 입니다.

답 _____

잘못 계산한 식을
세워 어떤 수를 구하
는 것까지는 누구나
풀 수 있지.
하지만 실수로
바르게 계산한
식의 값을 구하지 않아
틀리는 경우가 많아.
문제를 꼭
끝까지 읽어야겠어!

2. 어떤 수에 8을 곱해야 할 것을 잘못하여 8을 뺐더니 56이
되었습니다. 바르게 계산하면 얼마일까요?

생각하며 푼다!

어떤 수를 □라 하면 □－8=56이므로

□=⬚＋⬚=⬚ 입니다.

따라서 바르게 계산하면

⬚×⬚=⬚ 입니다.

답 _____

3. 어떤 수에 3을 곱해야 할 것을 잘못하여 3을 더했더니 51
이 되었습니다. 바르게 계산하면 얼마일까요?

생각하며 푼다!

답 _____

1. 3장의 수 카드를 한 번씩만 사용하여 곱이 가장 큰
(몇십몇)×(몇)의 곱셈식을 만들어 보세요.

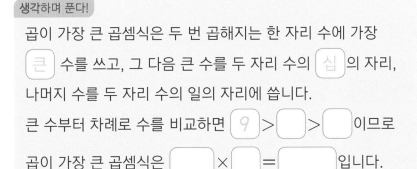

생각하며 푼다!

곱이 가장 큰 곱셈식은 두 번 곱해지는 한 자리 수에 가장
| 큰 | 수를 쓰고, 그 다음 큰 수를 두 자리 수의 | 십 |의 자리,
나머지 수를 두 자리 수의 일의 자리에 씁니다.

큰 수부터 차례로 수를 비교하면 | 9 | > | | > | |이므로

곱이 가장 큰 곱셈식은 | |×| |=| |입니다.

답 _____

2. 3장의 수 카드를 한 번씩만 사용하여 곱이 가장 작은
(몇십몇)×(몇)의 곱셈식을 만들어 보세요.

5   3   8

생각하며 푼다!

곱이 가장 작은 곱셈식은 두 번 곱해지는 한 자리 수에 가장
| 작은 | 수를 쓰고, 그 다음 작은 수를 두 자리 수의 | 십 |의
자리, 나머지 수를 두 자리 수의 | |의 자리에 씁니다.

큰 수부터 차례로 수를 비교하면 | | > | | > | |이므로

곱이 가장 작은 곱셈식은 | |×| |=| |입니다.

답 _____

1. 구슬이 30개씩 들어 있는 봉지가 4봉지 있습니다. 구슬은 모두 몇 개일까요?

( )

2. 연서 아버지의 연세는 올해 43세입니다. 연서 할아버지의 연세는 아버지의 연세의 2배입니다. 할아버지의 연세는 몇 세일까요?

( )

3. 준영이는 줄넘기를 매일 82번씩 합니다. 준영이가 4일 동안 한 줄넘기는 모두 몇 번일까요?

( )

4. 상자를 한 층에 53개씩 쌓으려고 합니다. 3층까지 쌓으려면 상자는 모두 몇 개 필요할까요?

( )

5. 성훈이는 하루에 과학책을 18쪽씩 5일 동안 읽었습니다. 성훈이가 읽은 과학책은 모두 몇 쪽일까요?

( )

6. 과일 가게에 사과가 한 상자에 16개씩 4상자 있고, 배가 한 상자에 12개씩 7상자 있습니다. 사과와 배 중 어느 것이 몇 개 더 많을까요?

( ), ( )

7. 한 대에 43명씩 탈 수 있는 버스가 있습니다. 이 버스 8대에는 모두 몇 명이 탈 수 있을까요?

( )

8. 어떤 수에 6을 곱해야 할 것을 잘못하여 6을 더했더니 53이 되었습니다. 바르게 계산하면 얼마일까요?

(20점)

( )

9. 3장의 수 카드를 한 번씩만 사용하여 곱이 가장 큰 (몇십몇)×(몇)의 곱셈 식을 만들어 보세요.

3 9 7

( )

다섯째 마당

문장으로 익히는
길이와 시간

다섯째 마당에서는 길이와 시간을 이용한 문장제를 배웁니다.

2학년 때 길이를 나타내는 단위인 cm와 시간을 나타내는 단위인 시와 분을 배웠죠?

이보다 더 크거나 작은 단위를 알면 더 정확한 길이와 시간을 알 수 있어요.

시간의 계산은 시는 시끼리,
분은 분끼리, 초는 초끼리
더하거나 빼면 돼요.

17. 1 cm보다 작은 단위, 1 m보다 큰 단위

⭐ ☐ 안에 알맞은 수를 써넣으세요.

1. 2 cm 6 mm = ☐20☐ mm + 6 mm = ☐ mm

2. 53 mm = ☐50☐ mm + 3 mm = ☐ cm ☐ mm

3. 4 cm 1 mm = ☐ mm

4. 78 mm = ☐ cm ☐ mm

5. 6 cm 9 mm = ☐ mm

6. 17 mm = ☐ cm ☐ mm

7. 100 mm는 ☐ cm와 같습니다.

8. 85 mm는 ☐ cm ☐ mm와 같습니다.

8. 7 cm 15 mm (×)

9. 3 cm 6 mm는 ☐ mm와 같습니다.

10. 94 mm는 ☐ cm보다 ☐ mm 더 깁니다.

10. 8 cm 14 mm (×)

☆ □ 안에 알맞은 수를 써넣으세요.

🐭 속닥속닥

• 1 킬로미터는 1000 미터와 같아요.

| 1 km=1000 m |

2. ● ▲00 m
   =● km ▲00 m

1. 3 km 700 m = ⟨3000⟩ m + 700 m = □ m

2. 2800 m = ⟨2000⟩ m + 800 m

       = □ km □ m

3. 1 km 865 m = □ m

4. 7845 m = □ km □ m

5. 6 km 27 m = □ m

5. • 1 km 52 m=1052 m (○)
   • 1 km 52 m=152 m (×)

6. 4190 m = □ km □ m

7. 8 km 304 m는 □ m와 같습니다.

8. 5029 m는 □ km보다 □ m 더 멉니다.

8. 5029 m=4 km 1029 m (×)

9. 9 km 703 m는 □ m와 같습니다.

10. 6024 m는 □ km보다 □ m 더 멉니다.

1. 집에서 우체국까지의 거리는 1 km보다 800 m 더 멉니다. 집에서 우체국까지의 거리는 몇 m일까요?

속닥속닥
문제에서 숫자와 단위는 ○,
조건 또는 구하는 것은 ___로
표시해 보세요.

• ●km보다 ▲00 m 더 먼
  거리
  → ●km ▲00 m
    =●▲00 m

생각하며 푼다!

1 km보다 800 m 더 먼 거리는 [1] km [800] m입니다.

[1] km [800] m= [ ] m+ [ ] m

= [ ] m

따라서 집에서 우체국까지의 거리는 [ ] m입니다.

답 _____

2. 도서관에서 공원까지의 거리는 2 km보다 570 m 더 멉니다. 도서관에서 공원까지의 거리는 몇 m일까요?

생각하며 푼다!

2 km보다 570 m 더 먼 거리는 [ ] km [ ] m입니다.

[ ] km [ ] m= [ ] m+ [ ] m

= [ ] m

따라서 도서관에서 공원까지의 거리는 [ ] m입니다.

답 _____

3. 집에서 야구장까지의 거리는 6 km보다 30 m 더 멉니다. 집에서 야구장까지의 거리는 몇 m일까요?

생각하며 푼다!

답 _____

⭐ ㉠과 ㉡ 중 더 긴 길이의 기호를 쓰세요.

🐭 속닥속닥

1.

| ㉠ 4200 m | ㉡ 4 km 190 m |

1. 길이가 다른 두 길이의 비교는 단위를 몇 m 또는 몇 km 몇 m 단위 중 하나로 통일해서 비교해요.

생각하며 푼다! 몇 km 몇 m 단위로 통일하여 비교하기

4200 m = ☐ km ☐ m이므로

☐ km ☐ m > ☐ km ☐ m입니다.

답 _____

2.

| ㉠ 7 km 59 m | ㉡ 7501 m |

생각하며 푼다! 몇 m 단위로 통일하여 비교하기

7 km 59 m = ☐ m이므로

☐ m > ☐ m입니다.

답 _____

3.

| ㉠ 6001 m | ㉡ 6 km 10 m |

3~4. 1번과 2번 문제의 풀이 방법 중 한 가지 방법을 선택해서 구해 보세요.

생각하며 푼다!

답 _____

4.

| ㉠ 9 km 680 m | ㉡ 9086 m |

생각하며 푼다!

답 _____

18. 1분보다 작은 단위, 시간의 덧셈과 뺄셈 (1)

⭐ ☐ 안에 알맞은 수를 써넣으세요.

🐭 속닥속닥

• 시계의 초바늘이 작은 눈금 한 칸을 지나는 데 걸리는 시간이 1초예요.

┌─────────────────┐
│ 작은 눈금 한 칸=1초 │
└─────────────────┘

┌──────────┐
│ 1분=60초 │
└──────────┘

1. 1분 30초＝ 60 초＋30초＝ ☐ 초

2. 2분 45초＝ ☐ 초＋45초＝ ☐ 초

3. 3분 20초＝ ☐ 초

4. 100초＝ 60 초＋ ☐ 초＝ ☐ 분 ☐ 초

5. 200초＝180초＋ ☐ 초＝ ☐ 분 ☐ 초

6. 165초＝ ☐ 분 ☐ 초

6. ■초=●분▲초
      ↑
   60 이하의 수로
   나타내요.

7. 4분 5초는 ☐ 초와 같습니다.

8. 275초는 ☐ 분 ☐ 초와 같습니다.

9. 혜리는 5분 30초 동안 음악을 들었습니다. 혜리가 음악을 들은 시간은 ☐ 초입니다.

10. 서진이는 400초 동안 줄넘기를 했습니다. 서진이가 줄넘기를 한 시간은 ☐ 분 ☐ 초입니다.

☆ ☐ 안에 알맞은 수를 써넣으세요.

🐭 속닥속닥

1.

이름	경석	명수
달리기 기록	1분 34초	1분 21초

두 사람의 달리기 기록을 더하면 ☐ 분 ☐ 초입니다.

1~2. 시간의 덧셈은 초는 초끼리, 분은 분끼리 더해요.

계산하기

	☐ 분	☐ 초
+	☐ 분	☐ 초
	☐ 분	☐ 초

2.

이름	지영	현기
수영 기록	3분 10초	2분 35초

두 사람의 수영 기록을 더하면 ☐ 분 ☐ 초입니다.

계산하기

	☐ 분	☐ 초
+	☐ 분	☐ 초
	☐ 분	☐ 초

3.

숙제를 시작한 시각	숙제를 끝낸 시각
5시 15분	5시 40분

숙제를 한 시간은 ☐ 분입니다.

3~4. 시간의 뺄셈은 시는 시끼리, 분은 분끼리 빼요.

계산하기

	☐ 시	☐ 분
−	☐ 시	☐ 분
		☐ 분

4.

피아노 연습을 시작한 시각	피아노 연습을 끝낸 시각
4시 15분	5시 40분

피아노 연습을 한 시간은 ☐ 시간 ☐ 분입니다.

계산하기

	☐ 시	☐ 분
−	☐ 시	☐ 분
	☐ 시간	☐ 분

1. 현빈이는 ⟨10시 30분 15초⟩에 피아노 연주곡을 듣기 시작
했습니다. 이 곡은 ⟨5분 12초⟩ 뒤에 끝났습니다. 피아노 연
주곡이 끝난 ___시각___을 구해 보세요.

대표
문제

🐭 속닥속닥

문제에서 시각 또는 시간은
◯, 조건 또는 구하는 것은
___ 로 표시해 보세요.

생각하며 푼다!

(피아노 연주곡이 끝난 시각)
=(피아노 연주곡을 시작한 시각)+(피아노 연주곡을 재생한 시간)
=10시 30분 15초+5분 12초
= ◻시 ◻분 ◻초

답 _____

계산하기

	시		분		초
+				분		초
	시		분		초

2. 수아는 친구와 1시 43분 20초에 통화를 시작하여 3분
25초 동안 통화했습니다. 전화 통화가 끝난 시각을 구해
보세요.

생각하며 푼다!

(전화 통화가 끝난 시각)
=(전화 통화를 시작한 시각)+(통화를 한 시간)
=1시 43분 20초+3분 25초
= ◻시 ◻분 ◻초

답 _____

계산하기

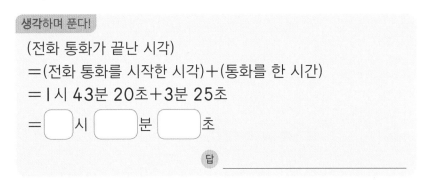

3. 수아는 8시 20분 35초에 운동을 시작하여 35분 10초
동안 운동했습니다. 운동이 끝난 시각을 구해 보세요.

생각하며 푼다!

답 _____

계산하기

1. 준호는 서울에서 8시 10분에 출발하여 부산에 12시 40분 에 도착하였습니다. 서울에서 부산까지 이동하는 데 걸린 시간을 구해 보세요.

속닥속닥

문제에서 시각 또는 시간은 ◯, 조건 또는 구하는 것은 ＿로 표시해 보세요.

생각하며 푼다!

(서울에서 부산까지 이동하는 데 걸린 시간)
=(부산에 도착한 시각)−(서울에서 출발한 시각)
=12시 40분−8시 10분=□시간 □분

답 ＿＿＿＿＿＿＿＿＿＿＿

계산하기

	시		분
−	시		분
	시간		분

2. 수민이는 만화 영화를 보았습니다. 만화 영화는 5시 20분 5초에 시작하여 5시 46분 25초에 끝났습니다. 수민이가 본 만화 영화의 재생 시간을 구해 보세요.

생각하며 푼다!

(만화 영화의 재생 시간)
=(만화 영화가 끝난 시각)−(만화 영화가 시작한 시각)
=5시 46분 25초−5시 20분 5초
=□분 □초

답 ＿＿＿＿＿＿＿＿＿＿＿

계산하기

	시		분		초
−	시		분		초
			분		초

3. 현성이는 3시 15분 20초에 축구 연습을 시작하여 5시 50분 45초에 끝냈습니다. 현성이가 축구 연습을 한 시간을 구해 보세요.

생각하며 푼다!

답 ＿＿＿＿＿＿＿＿＿＿＿

계산하기

	시		분		초
−	시		분		초
	시간		분		초

1. 지금 시각은 7시 36분 55초입니다. 5초가 지난 시각을 구해 보세요.

대표문제

생각하며 푼다!

7시 36분 55초에서 5초가 지나면 7시 36분 60초입니다.

60초는 [　] 분과 같으므로 7시 36분 60초는 7시 [　] 분과 같습니다.

답 _____

2. 종현이는 버스 정류장에서 버스를 기다리고 있습니다. 지금이 2시 57분이고 3분 뒤 다음 버스가 도착한다고 합니다. 버스가 도착하는 시각을 구해 보세요.

생각하며 푼다!

2시 57분에서 3분이 지나면 2시 60분입니다.

60분은 [　] 시간과 같으므로 2시 60분은 [　] 시와 같습니다.

답 _____

3. 준호는 기차를 타고 있습니다. 지금이 10시 56분이고 7분 뒤 기차에서 내린다고 합니다. 기차에서 내리는 시각을 구해 보세요.

생각하며 푼다!

10시 56분에서 7분이 지나면 10시 63분입니다.

60분은 [　] 시간과 같으므로 10시 63분은 [　] 시 [　] 분과 같습니다.

답 _____

1. 주승이네 집에서 민수네 집까지는 걸어서 25분이 걸립니다. 주승이가 민수네 집에 걸어서 가려고 3시 50분에 나왔다면 민수네 집에는 몇 시 몇 분에 도착할까요?

속닥속닥
문제에서 시각 또는 시간은 ◯, 조건 또는 구하는 것은 ___로 표시해 보세요.

생각하며 푼다!

3시 50분에서 25분을 더하면 3시 75분이고, 60분은 ☐ 시간과 같으므로 3시 75분은 ☐4☐ 시 ☐ 분과 같습니다.

따라서 민수네 집에는 ☐ 시 ☐ 분에 도착합니다.

답 _____

2. 정현이의 미술 수업 시간은 45분입니다. 정현이가 미술 수업을 6시 40분에 시작했다면 미술 수업은 몇 시 몇 분에 끝날까요?

생각하며 푼다!

6시 40분에서 45분을 더하면 6시 85분이고, 60분은 ☐ 시간과 같으므로 6시 85분은 ☐ 시 ☐ 분과 같습니다.

따라서 미술 수업은 ☐ 시 ☐ 분에 끝납니다.

답 _____

3. 지훈이가 만화 영화를 보는 데 15분이 걸립니다. 지훈이가 만화 영화를 보기 시작한 시각이 5시 55분이었다면 만화 영화는 몇 시 몇 분에 끝날까요?

생각하며 푼다!

답 _____

1. 민석이는 기차를 타고 서울에서 ⑨시 20분에 출발하여 대전에 ⑩시 45분에 도착하였습니다. 기차를 타고 서울에서 대전까지 가는 데 걸린 시간을 구해 보세요.

 속닥속닥

문제에서 시각 또는 시간은 ○, 조건 또는 구하는 것은 ___ 로 표시해 보세요.

> **생각하며 푼다!**
>
> (걸린 시간)=10시 45분−9시 20분
>
> = ☐ 시간 ☐ 분
>
> 답 _____

2. 서현이는 어머니와 함께 피자를 만들었습니다. 피자를 만들기 시작한 시각은 4시 5분 10초이고, 피자가 완성된 시각은 4시 45분 45초입니다. 피자를 만들기 시작하여 완성될 때까지 걸린 시간을 구해 보세요.

시각과 시간의 차이는 뭘까?

> **생각하며 푼다!**
>
> (걸린 시간)=4시 45분 45초−4시 5분 10초
>
> = ☐ 분 ☐ 초
>
> 답 _____

시각은 어떤 한 시점을 나타내는 거야.
"내가 아침에 일어난 시각은 7시!"

또, 시간은 어떤 시각과 시각 사이를 나타내.
"내가 어제 너와 전화 통화를 한 시간은 3분 20초야."

3. 지금 시각은 4시 20분입니다. 25분 전의 시각을 구해 보세요.

> **생각하며 푼다!**
>
> 25분 중 20분을 먼저 빼고 5분을 더 뺍니다.
>
> 4시 20분에서 20분을 먼저 빼면 ☐ 시이고, 5분을 더 빼면
>
> ☐ 시 ☐ 분입니다.
>
> 답 _____

1. 명수와 지태 중 누가 얼마나 더 오래 통화를 했을까요?

🐻 속닥속닥

문제에서 시각은 ◯,
조건 또는 구하는 것은 ___로
표시해 보세요.

이름	통화를 시작한 시각	통화를 끝낸 시각
명수	9시 33분 19초	9시 37분 36초
지태	3시 27분 28초	3시 41분 51초

생각하며 푼다!

(명수의 통화 시간)=9시 37분 36초−9시 33분 19초

= ☐ 분 ☐ 초

(지태의 통화 시간)=3시 41분 51초−3시 27분 28초

= ☐ 분 ☐ 초

☐ 가 ☐ 분 ☐ 초− ☐ 분 ☐ 초

= ☐ 분 ☐ 초 더 오래 통화를 했습니다.

답 _____,_____

2. 지성이와 시윤이 중 누가 얼마나 더 오래 숙제를 했을까요?

이름	숙제를 시작한 시각	숙제를 끝낸 시각
지성	8시 5분 45초	8시 27분 58초
시윤	4시 19분 20초	4시 50분 45초

생각하며 푼다!

(지성이의 숙제 시간)=8시 27분 58초−8시 5분 45초

= ☐ 분 ☐ 초

(시윤이의 숙제 시간)=4시 50분 45초−4시 19분 20초

= ☐ 분 ☐ 초

☐ 이가 ☐ 분 ☐ 초− ☐ 분 ☐ 초

= ☐ 분 ☐ 초 더 오래 숙제를 했습니다.

답 _____,_____

5. 길이와 시간

점수 /100
한 문항당 10점

⭐ ☐ 안에 알맞은 수를 써넣으세요.
[1~2]

1. 73 mm = ☐ cm ☐ mm

2. 6 km 40 m = ☐ m

3. 집에서 공원까지의 거리는 3 km보다 250 m 더 멉니다. 집에서 공원까지의 거리는 몇 m일까요?

( )

4. 운동을 한 시간은 몇 분 몇 초일까요?

운동을 시작한 시각	운동을 끝낸 시각
3시 20분 5초	3시 45분 57초

( )

5. 경서는 친구와 7시 27분 15초에 통화를 시작하여 2분 30초 동안 통화를 했습니다. 전화 통화가 끝난 시각을 구해 보세요.

( )

6. 수지는 만화 영화를 보았습니다. 만화 영화는 6시 9분 35초에 시작하여 6시 32분 58초에 끝났습니다. 수지가 본 만화 영화의 재생 시간을 구해 보세요.

( )

7. 재석이는 지하철을 기다리고 있습니다. 지금이 4시 56분이고 4분 뒤 다음 지하철이 도착한다고 할 때 지하철을 탈 수 있는 시각을 구해 보세요.

( )

8. 학교에서 민혁이네 집까지는 걸어서 25분이 걸립니다. 학교에서 민혁이네 집에 가려고 1시 45분에 나왔다면 민혁이네 집에는 몇 시 몇 분에 도착할까요? (20점)

( )

9. 지금 시각은 8시 30분입니다. 35분 전의 시각을 구해 보세요.

( )

여섯째 마당

문장으로 익히는
분수와 소수

여섯째 마당에서는 자연수로는 정확하게 표현할 수 없는 양을 나타내는
분수와 소수를 이용한 문장제를 배웁니다.
분수와 소수를 이해하고 다양한 방법으로
크기를 비교하는 문장제를 풀어 보세요.

문제가 어려워요?
그럴 때는 문제를 그림으로
표현해 보세요.
더 쉽게 풀 수 있어요!

⭐ 색칠한 부분은 전체의 얼마인지 알아보려고 합니다. ☐ 안에 알맞은 수를 써넣으세요.

🐭 4개로 나눈 것 중의 3개

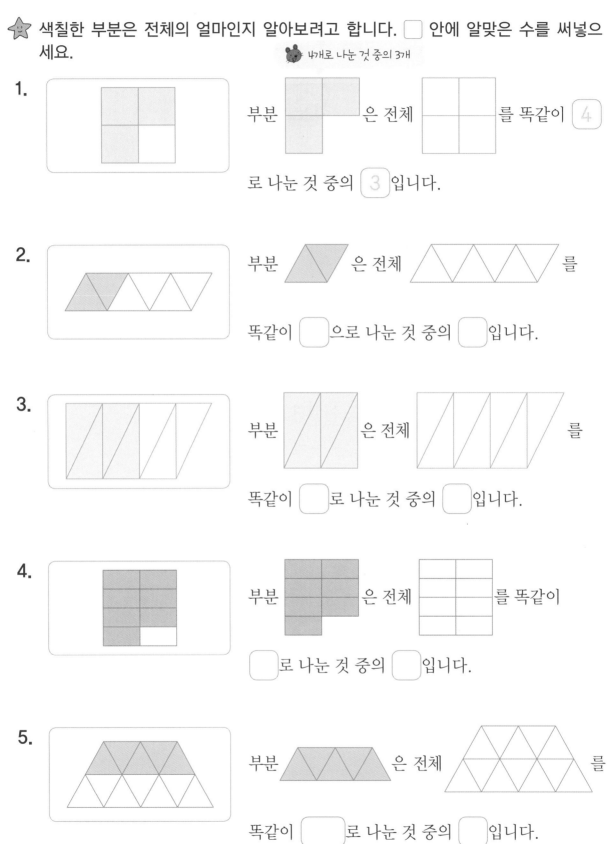

1. 부분 ⬜ 은 전체 ⬜ 를 똑같이 [4]

로 나눈 것 중의 [3] 입니다.

2. 부분 ⬜ 은 전체 ⬜ 를

똑같이 ☐ 으로 나눈 것 중의 ☐ 입니다.

3. 부분 ⬜ 은 전체 ⬜ 를

똑같이 ☐ 로 나눈 것 중의 ☐ 입니다.

4. 부분 ⬜ 은 전체 ⬜ 를 똑같이

☐ 로 나눈 것 중의 ☐ 입니다.

5. 부분 ⬜ 은 전체 ⬜ 를

똑같이 ☐ 로 나눈 것 중의 ☐ 입니다.

 안에 알맞은 수나 말을 써넣으세요.

1.

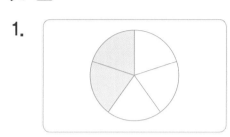

색칠한 부분은 전체를 똑같이 **5**로 나눈 것 중의 **2** 이므로 $\frac{2}{5}$ 라 쓰고 5 분의 ☐ 라고 읽습니다.

분수 $\frac{2}{5}$ 에서 ☐ 를 분모, ☐ 를 분자라고 합니다.

2.

색칠한 부분은 전체를 똑같이 ☐ 로 나눈 것 중의 ☐ 이므로 ☐ 이라 쓰고 ☐ 분의 ☐ 이라고 읽습니다.

3.

색칠한 부분은 전체를 똑같이 ☐ 로 나눈 것 중의 ☐ 이므로 ☐ 이라 쓰고 ☐ 분의 ☐ 이라고 읽습니다.

4.

초콜릿의 남은 부분은 전체를 똑같이 ☐ 으로 나눈 것 중의 ☐ 이므로 ☐ 라 쓰고 ☐ 라고 읽습니다.

5.

초콜릿의 남은 부분은 전체를 똑같이 ☐ 로 나눈 것 중의 ☐ 이므로 ☐ 이라 쓰고 ☐ 이라고 읽습니다.

⭐ ☐ 안에 알맞은 분수를 써넣으세요.

1. 와플을 똑같이 3조각으로 나눈 것 중 1조각을 먹고 2조각이
남았습니다.

먹은 부분은 $\dfrac{1}{3}$ 이고, 남은 부분은 ☐ 입니다.

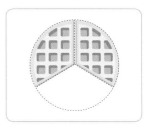

2. 빵을 똑같이 4조각으로 나눈 것 중 3조각을 먹고 1조각이 남았습니다.

먹은 부분은 ☐ 이고, 남은 부분은 ☐ 입니다.

3. 케이크를 똑같이 7조각으로 나눈 것 중 3조각을 먹고 4조각이 남았습니다.

먹은 부분은 ☐ 이고, 남은 부분은 ☐ 입니다.

4. 피자를 똑같이 9조각으로 나눈 것 중 1조각을 먹고 8조각이 남았습니다.

먹은 부분은 ☐ 이고, 남은 부분은 ☐ 입니다.

5. 초콜릿을 똑같이 10조각으로 나눈 것 중 3조각을 먹고 7조각이 남았습니다.

먹은 부분은 ☐ 이고, 남은 부분은 ☐ 입니다.

1. 선우는 빵을 똑같이 6조각으로 나누어 전체의 $\frac{1}{2}$만큼 먹었습니다. 선우는 빵을 몇 조각 먹었을까요?

생각하며 푼다!

똑같이 6조각으로 나눈 후 전체의 $\frac{1}{2}$만큼 먹었으므로 ☐조각을 먹었습니다.

답 _____

 어려우면 직접 그려 보세요.
먼저 원을 그린 다음 똑같이 8조각으로 나누고 나눈 것 중의 $\frac{1}{2}$을 색칠하면 조각 수를 알 수 있어요.

2. 현서는 와플을 똑같이 8조각으로 나누어 전체의 $\frac{1}{2}$만큼 먹었습니다. 현서는 와플을 몇 조각 먹었을까요?

생각하며 푼다!

똑같이 8조각으로 나눈 후 전체의 $\frac{1}{2}$만큼 먹었으므로 ☐조각을 먹었습니다.

답 _____

3. 지우네 가족은 케이크를 똑같이 10조각으로 나누어 전체의 $\frac{1}{2}$만큼 먹었습니다. 지우네 가족은 케이크를 몇 조각 먹었을까요?

생각하며 푼다!

똑같이 10조각으로 나눈 후 전체의 $\frac{1}{2}$만큼 먹었으므로 ☐조각을 먹었습니다.

답 _____

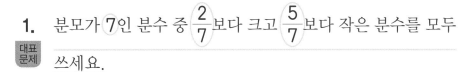

1. 분모가 ⑦인 분수 중 ②/7 보다 크고 ⑤/7 보다 작은 분수를 모두

[대표문제] 쓰세요.

🐭 **속닥속닥**

문제에서 숫자는 ◯,
조건 또는 구하는 것은 ___로
표시해 보세요.

생각하며 푼다!

분모가 7인 분수 중에서 $\frac{2}{7}$ 보다 크고 $\frac{5}{7}$ 보다 작으려면 분자

가 ☐2 보다 크고 ☐ 보다 작아야 하므로 ☐ , ☐ 입니다.

답 _____

2. 분모가 13인 분수 중 $\frac{7}{13}$ 보다 크고 $\frac{12}{13}$ 보다 작은 분수는

모두 몇 개일까요?

생각하며 푼다!

분모가 13인 분수 중에서 $\frac{7}{13}$ 보다 크고 $\frac{12}{13}$ 보다 작으려면

분자가 ☐ 보다 크고 ☐ 보다 작아야 합니다.

따라서 구하는 분수는 ☐ , ☐ , ☐ , ☐ 로

모두 ☐ 개입니다.

답 _____

3. 분모가 8인 분수 중 $\frac{3}{8}$ 보다 크고 $\frac{6}{8}$ 보다 작은 분수는 모두

몇 개일까요?

생각하며 푼다!

답 _____

1. 조건에 알맞은 단위분수를 모두 쓰세요.

대표
문제

> • $\frac{1}{9}$보다 큰 분수입니다.　　• $\frac{1}{5}$보다 작은 분수입니다.

🐭 속닥속닥

문제에서 숫자는 ○,
조건 또는 구하는 것은 ___로
표시해 보세요.

생각하며 푼다!

$\frac{1}{9}$보다 큰 단위분수이므로 분모는 ⬜9⬜ 보다 작은 수이고,

$\frac{1}{5}$보다 작은 단위분수이므로 분모는 ⬜⬜보다 큰 수입니다.

따라서 분모가 ⬜보다 크고 ⬜보다 작은 ⬜단위⬜분수는

⬜, ⬜, ⬜ 입니다.　　답 ＿＿＿＿＿＿＿＿＿

단위분수는
분수 중에서
$\frac{1}{2}, \frac{1}{3}, \frac{1}{4}, \frac{1}{5}$……과
같이 분자가 1인
분수야.

2. 조건에 알맞은 단위분수를 모두 쓰세요.

> • $\frac{1}{12}$보다 큰 분수입니다.　　• $\frac{1}{9}$보다 작은 분수입니다.

생각하며 푼다!

$\frac{1}{12}$보다 큰 단위분수이므로 분모는 ⬜보다 작은 수이고,

$\frac{1}{9}$보다 작은 단위분수이므로 분모는 ⬜보다 큰 수입니다.

따라서 분모가 ⬜보다 크고 ⬜보다 작은 ⬜분수는

⬜, ⬜ 입니다.　　답 ＿＿＿＿＿＿＿＿＿

분모가 같은
분수의 크기는
$\frac{3}{8} < \frac{5}{8}$와 같이
분자가 클수록
큰 분수이지만
단위분수는
$\frac{1}{4} > \frac{1}{5}$과 같이
분모가 작을수록
큰 분수야.

3. 조건에 알맞은 분수를 모두 쓰세요.

> $\frac{1}{7}$보다 크고 $\frac{1}{3}$보다 작은 단위분수입니다.

＿＿＿＿＿＿＿＿＿＿＿

1. 성준이는 도화지 한 장 전체의 $\frac{4}{9}$ 에 그림을 그렸고, 경원이

는 도화지 한 장 전체의 $\frac{5}{9}$ 에 그림을 그렸습니다. <u>누가 도</u>

<u>화지에 그림을 더 많이 그렸을까요?</u>

대표
문제

🐭 속닥속닥

문제에서 숫자는 ◯,
조건 또는 구하는 것은 ___로
표시해 보세요.

> **생각하며 푼다!**
>
> $\frac{4}{9}$ 는 $\frac{1}{9}$ 이 ④ 개, $\frac{5}{9}$ 는 $\frac{1}{9}$ 이 ⑤ 개이므로 ☐ 가 ☐
>
> 보다 큽니다.
>
> 따라서 도화지에 그림을 더 많이 그린 사람은 ☐ 입니다.
>
> 답 _____

2. 민서와 연수가 우유를 나누어 마셨습니다. 민서가 전체의

$\frac{8}{15}$ 을 마시고 나머지를 연수가 마셨습니다. 누가 우유를

더 많이 마셨을까요?

> **생각하며 푼다!**
>
> 연수가 마신 우유는 전체의 ☐ 입니다.
>
> 따라서 ☐ > ☐ 이므로 우유를 더 많이 마신 사람은
>
> ☐ 입니다.
>
> 답 _____

3. 성국이네 집에서 학교까지의 거리는 $\frac{3}{8}$ km이고, 문구점까

지의 거리는 $\frac{5}{8}$ km입니다. 학교와 문구점 중 성국이네 집

에서 더 가까운 곳은 어디일까요?

_____

혼동하지 말아야지.
거리가 가깝다는 건
더 작은 수를
찾으면 되고,
반대로 거리가 멀다는
건 더 큰 수를
찾으면 된다 이거군.

1. 시우와 준서는 똑같은 떡을 한 개씩 가지고 있습니다. 떡을
시우는 $\frac{1}{4}$만큼 먹었고, 준서는 $\frac{1}{6}$만큼 먹었습니다. 누가 떡을 더 많이 먹었을까요?

😊 **속닥속닥**

문제에서 숫자는 ◯,
조건 또는 구하는 것은 ___로
표시해 보세요.

대표문제

> 생각하며 푼다!
>
> 단위분수는 분모가 [작을]수록 큽니다.
>
> ☐ > ☐ 이므로 떡을 더 많이 먹은 사람은 ☐ 입니다.
>
> 답 _____

단위분수는 분모가
작을수록 큰 수야.

■ > ● 이면
$\frac{1}{■}$ < $\frac{1}{●}$ 이야.

2. 준하와 수지가 주스를 마셨습니다. 주스가 준하의 컵에는
$\frac{1}{8}$만큼, 수지의 컵에는 $\frac{1}{7}$만큼 남았습니다. 누구의 주스가
더 많이 남았을까요?

> 생각하며 푼다!
>
> ☐ > ☐ 이므로 주스를 더 많이 남긴 사람은 ☐ 입니다.
>
> 답 _____

3. 미술 시간에 색 테이프를 지한이는 $\frac{1}{12}$ m, 성민이는 $\frac{1}{9}$ m
사용하였습니다. 누가 색 테이프를 더 많이 사용하였을까요?

> 생각하며 푼다!
>
> ☐ > ☐ 이므로 색 테이프를 더 많이 사용한 사람은
>
> ☐ 입니다.
>
> 답 _____

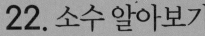

⭐ ☐ 안에 알맞은 수를 써넣으세요.

🐭 속닥속닥

- 0.1, 0.2, 0.3과 같은 수를 소수라고 해요.
- 분수 $\frac{1}{10}$ 을 소수로 0.1이라 쓰고 영점일이라고 읽어요
- 2. 1은 0.1이 10개이므로 1.3은 0.1이 10+3=13(개)예요.

1. 0.6은 0.1이 ⌐6⌐ 개입니다.

🐭 0.6은 0.1이 6개라는 뜻이에요.

2. 1.3은 0.1이 ☐ 개입니다.

3. 4.7은 ☐ 이 47개입니다.

4. 0.1이 9개이면 ☐ 입니다.

5. 0.1이 25개이면 ☐ 입니다.

6. 0.1이 ☐ 개이면 6.2입니다.

7. $\frac{1}{10}$ 이 ☐ 개이면 0.7입니다.

8. $\frac{1}{10}$ 이 ☐ 개이면 1.8입니다.

9. $\frac{1}{10}$ 이 84개이면 ☐ 입니다.

10. $\frac{1}{10}$ 이 59개이면 ☐ 입니다.

 속닥속닥

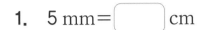 안에 알맞은 수를 써넣으세요.

1. 5 mm = ☐ cm

2. 2 cm 8 mm = ☐ cm

2. 1 mm=0.1 cm이고
2 cm 8 mm=28 mm이므
로 0.1 cm가 28개이면
2.8 cm예요.

3. 4 cm 5 mm = ☐ mm = ☐ cm

4. 7 cm 6 mm = ☐ cm

5. 리본의 길이는 9 cm 7 mm입니다.
리본의 길이는 ☐ cm와 같습니다.

6. 16 mm = ☐ cm

6. 1 mm=0.1 cm이고
0.1 cm가 16개이면
1.6 cm예요.

7. 89 mm = ☐ cm

8. 62 mm = ☐ cm

9. 75 mm = ☐ cm

10. 지난달에 37 mm의 비가 내렸습니다.
지난달에 내린 비는 ☐ cm입니다.

1. 색 테이프 ①m를 똑같이 ⑩조각으로 나누어 그중 성준이
가 ④조각, 윤지가 ⑥조각을 사용했습니다. 성준이와 윤지가
사용한 색 테이프의 길이는 각각 몇 m인지 소수로 나타내
어 보세요.

속닥속닥

문제에서 숫자는 ○,
조건 또는 구하는 것은 __로
표시해 보세요.

**대표
문제**

생각하며 푼다!

1 m를 똑같이 10조각으로 나눈 것 중 1조각은 [0.1] m
입니다. 그중 4조각은 0.1이 [4]개이므로 [　　] m,
6조각은 0.1이 [　]개이므로 [　　] m입니다.

답 성준: ＿＿＿＿＿＿＿ , 윤지: ＿＿＿＿＿＿＿

2. 케이크를 똑같이 10조각으로 나누어 그중 민서가 7조각,
영주가 3조각을 먹었습니다. 민서와 영주가 먹은 케이크는
각각 몇 조각인지 소수로 나타내어 보세요.

생각하며 푼다!

케이크를 똑같이 10조각으로 나눈 것 중 1조각은 [0.1]
조각입니다. 그중 7조각은 0.1이 [　]개이므로 [　　]조각,
3조각은 0.1이 [　]개이므로 [　　]조각입니다.

답 민서: ＿＿＿＿＿＿＿ , 영주: ＿＿＿＿＿＿＿

3. 리본 1 m를 똑같이 10조각으로 나누어 그중 지수가 9조
각, 현기가 1조각을 사용했습니다. 지수와 현기가 사용한
리본의 길이는 각각 몇 m인지 소수로 나타내어 보세요.

생각하며 푼다!

답 지수: ＿＿＿＿＿＿＿ , 현기: ＿＿＿＿＿＿＿

1. 정민이는 종이테이프를 **5 mm**만큼 사용했습니다. 사용한
종이테이프의 길이는 몇 **cm**일까요?

속닥속닥
문제에서 숫자와 단위는 ◯,
조건 또는 구하는 것은 ___로
표시해 보세요.

생각하며 푼다!

I mm= [0.1] cm이고 [0.1] cm가 [5] 개이면

[ ] cm입니다.

따라서 사용한 종이테이프의 길이는 [ ] cm입니다.

답 _____

2. 클립의 길이는 **2 cm 8 mm**입니다. 클립의 길이는 몇 **cm**
일까요?

생각하며 푼다!

I mm= [0.1] cm이고 2 cm 8 mm= [ ] mm

이므로 [0.1] cm가 [ ] 개이면 [ ] cm입니다.

따라서 클립의 길이는 [ ] cm입니다.

답 _____

3. 색연필의 길이는 **72 mm**입니다. 색연필의 길이는 몇 **cm**
일까요?

생각하며 푼다!

I mm= [ ] cm이고 [ ] cm가 [ ] 개이면

[ ] cm입니다.

따라서 색연필의 길이는 [ ] cm입니다.

답 _____

⭐ ㉠과 ㉡ 중 더 큰 수의 기호를 쓰세요.

🐭 속닥속닥

• 1과 0.2만큼의 수는 1과 0.2를 더한 수예요.
➡ 1+0.2=1.2

1.

| ㉠ 5.3 | ㉡ 5와 0.6만큼의 수 |

생각하며 푼다!

㉠은 0.1이 [53] 개이고, ㉡은 [5.6] 이므로 0.1이 [   ] 개입니다. 따라서 0.1의 개수를 비교하면 [53] 개 < [56] 개입니다. 답 _____

1. **생각하며 푼다!**
   두 수의 0.1의 개수를 비교하여 두 수의 크기를 비교한 방법이에요.

2.

| ㉠ 0.1이 41개인 수 | ㉡ 0.1이 36개인 수 |

생각하며 푼다!

㉠은 [   ] 이고, ㉡은 [   ] 이므로 자연수의 크기를 비교하면 [4.1] 이 [   ] 보다 큽니다. 답 _____

2. **생각하며 푼다!**
   두 수를 소수로 나타낸 후 자연수의 크기를 비교하여 두 수의 크기를 비교한 방법이에요.

3.

| ㉠ 6과 0.9만큼의 수 | ㉡ 0.1이 74개인 수 |

생각하며 푼다!

답 _____

4.

| ㉠ 0.1이 82개인 수 | ㉡ 0.1이 78개인 수 |

생각하며 푼다!

답 _____

⭐ 1부터 9까지의 수 중 □ 안에 들어갈 수 있는 수는 모두 몇 개일까요?

1.

$$1.□ < 1.4$$

생각하며 푼다!

□는 4보다 작은 수 ┐

자연수가 같으므로 소수점 오른쪽 수를 비교하면 □< 4 이어야 합니다.

따라서 □ 안에 들어갈 수 있는 수는 ☐ , ☐ , ☐ 으로

모두 ☐ 개입니다.   답 _____

2.

$$4.5 < 4.□$$

생각하며 푼다!

자연수가 같으므로 소수점 오른쪽 수를 비교하면

┌─ □는 5보다 큰 수

☐ <□이어야 합니다. 따라서 □ 안에 들어갈 수 있는 수는

☐ , ☐ , ☐ , ☐ 로 모두 ☐ 개입니다.

답 _____

3.

$$7.□ < 7.5$$

생각하며 푼다!

답 _____

1. 3장의 수 카드 중 2장을 골라 한 번씩만 사용하여 가장 큰 소수 한 자리 수를 만들어 보세요.

🐭 **속닥속닥**
• 소수 한자리 수는 ●.▲ 와 같이 소수점 오른쪽 수 가 한 자리 수가 되어야 해요.

$$\boxed{1} \quad \boxed{4} \quad \boxed{7}$$

생각하며 푼다!

소수 한 자리 수는 □.□이므로 가장 큰 소수 한 자리 수는 □ 안에 큰 수부터 차례로 놓으면 됩니다.

$\boxed{7} > \boxed{} > \boxed{}$ 이므로 가장 큰 소수 한 자리 수는

$\boxed{}.\boxed{}$입니다.　　답 _____

2. 3장의 수 카드 중 2장을 골라 한 번씩만 사용하여 가장 작은 소수 한 자리 수를 만들어 보세요.

$$\boxed{6} \quad \boxed{3} \quad \boxed{8}$$

생각하며 푼다!

소수 한 자리 수는 □.□이므로 가장 작은 소수 한 자리 수는 □ 안에 작은 수부터 차례로 놓으면 됩니다.

$\boxed{3} < \boxed{} < \boxed{}$ 이므로 가장 작은 소수 한 자리 수는

$\boxed{}.\boxed{}$입니다.　　답 _____

3. 3장의 수 카드 중 2장을 골라 한 번씩만 사용하여 가장 큰 소수 한 자리 수와 가장 작은 소수 한 자리 수를 만들어 보세요.

$$\boxed{5} \quad \boxed{9} \quad \boxed{2}$$

생각하며 푼다!

답 가장 큰 소수: _____ , 가장 작은 소수: _____

1. 석진이가 가지고 있는 연필의 길이는 7 cm 8 mm이고, 주한이가 가지고 있는 연필의 길이는 8.2 cm입니다. 더 긴 연필을 가지고 있는 사람은 누구일까요?

속닥속닥

문제에서 숫자와 단위는 ○,
조건 또는 구하는 것은 ___로
표시해 보세요.

대표문제

생각하며 푼다!

7 cm 8 mm = [7.8] cm이므로 [7.8] 과 8.2의 크기를

비교하면 [ ] > [ ] 입니다.

따라서 더 긴 연필을 가지고 있는 사람은 [ ] 입니다.

답 _____

2. 미술 시간에 철사를 수아는 37 mm, 윤서는 3.4 cm 사용하였습니다. 누가 철사를 더 많이 사용하였을까요?

생각하며 푼다!

37 mm = [3.7] cm이므로 [3.7] 과 3.4의 크기를

비교하면 [ ] > [ ] 입니다.

따라서 철사를 더 많이 사용한 사람은 [ ] 입니다.

답 _____

3. 빨간색 테이프의 길이는 9 cm 1 mm , 노란색 테이프의 길이는 8.9 cm입니다. 어느 색 테이프의 길이가 더 길까요?

생각하며 푼다!

답 _____

6. 분수와 소수

1. 케이크를 똑같이 7조각으로 나눈 것 중 2조각을 먹고 5조각이 남았습니다. 먹은 부분과 남은 부분을 각각 분수로 쓰세요.

먹은 부분 (　　　　　　　)

남은 부분 (　　　　　　　)

2. 현서는 와플을 똑같이 4조각으로 나누어 전체의 $\frac{1}{2}$만큼 먹었습니다. 현서는 와플을 몇 조각 먹었을까요?

(　　　　　　　)

3. 분모가 11인 분수 중 $\frac{5}{11}$보다 크고 $\frac{9}{11}$보다 작은 분수를 모두 쓰세요.

(　　　　　　　)

4. 시우와 준서는 똑같은 빵을 한 개씩 가지고 있습니다. 빵을 시우는 $\frac{1}{8}$만큼 먹었고, 준서는 $\frac{1}{10}$만큼 먹었습니다. 누가 빵을 더 많이 먹었을까요? (20점)

(　　　　　　　)

5. 피자를 똑같이 12조각으로 나누어 그중 민서가 5조각, 희수가 7조각을 먹었습니다. 민서와 희수가 먹은 피자를 각각 분수로 나타내어 보세요.

민서 (　　　　　　　)

희수 (　　　　　　　)

6. 색 테이프의 길이는 7 cm 4 mm입니다. 색 테이프의 길이는 몇 cm일까요?

(　　　　　　　)

7. 1부터 9까지의 수 중 □ 안에 들어갈 수 있는 수는 모두 몇 개일까요?

$$6.5 < 6.\square$$

(　　　　　　　)

8. 미술 시간에 종이테이프를 상민이는 98 mm, 지홍이는 9.6 cm 사용하였습니다. 누가 종이테이프를 더 많이 사용하였을까요? (20점)

(　　　　　　　)

나 혼자 푼다! 수학 문장제

3학년 1학기

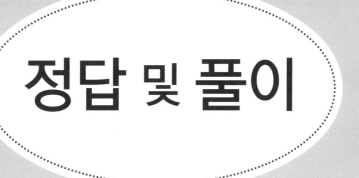

정답 및 풀이

첫째 마당·덧셈과 뺄셈

01. 세 자리 수의 덧셈 ⑴

10쪽

1.
```
    5 2 9
  + 3 1 7
  ─────────
    8 4 6
```
십, 십, 받아올림한

2.
```
    2 7 6
  + 1 5 8
  ─────────
    4 3 4
```
백, 받아올림한

3.
```
    6 4 5
  + 3 7 9
  ─────────
  1 0 2 4
```
십, 백, 받아올림한 수를 더하지 않았습니다.

11쪽

1. 생각하며 푼다! 725
   답 725
2. 687
3. 731
4. 생각하며 푼다! 479, 479, 479, 836
   답 836

12쪽

1. 생각하며 푼다! 362, 134, 362, 134, 496
   답 496
2. 생각하며 푼다! 268, 775, 268, 775, 1043
   답 1043
3. 생각하며 푼다!
   예 ㉠100이 6, 10이 5, 1이 7인 수는 657이고,
   ㉡100이 2, 10이 9, 1이 4인 수는 294입니다.
   따라서 ㉠과 ㉡의 합은 657＋294＝951입
   니다.
   답 951

13쪽

1. 생각하며 푼다! 531, 103, 531, 103, 634
   답 634
2. 생각하며 푼다! 864, 246, 864, 246, 1110
   답 1110
3. 생각하며 푼다!
   예 가장 큰 수는 972이고, 가장 작은 수는 127입
   니다.
   따라서 두 수의 합은 972＋127＝1099입니다.
   답 1099

02. 세 자리 수의 덧셈 ⑵

14쪽

1. 생각하며 푼다! 128, 153, 281
   답 281개
2. 생각하며 푼다! 256, 134, 390
   답 390권
3. 생각하며 푼다! 과일, 사과, 감, 539, 285, 824
   답 824개

15쪽

1. 생각하며 푼다! 2, 728, 728, 1456
   답 1456 m
2. 생각하며 푼다! 2, 496, 496, 992
   답 992 m
3. 생각하며 푼다!
   예 집에서 공원까지 다녀온 거리는 집에서 공원까지의
   거리를 2번 더한 것과 같습니다.
   (경수가 집에서 공원까지 걸은 거리)
   ＝657＋657＝1314 (m)
   답 1314 m

16쪽

1. 생각하며 푼다! 253, 145, 398

   답 398명

2. 생각하며 푼다! 362, 417, 779

   답 779명

3. 생각하며 푼다!

   예 (기차에 타고 있는 사람 수)

   ＝(기차에 타고 있는 어른 수)

   　＋(기차에 타고 있는 어린이 수)

   ＝549＋162＝711(명)

   답 711명

17쪽

1. 생각하며 푼다! 482, 604, 1086

   답 1086명

2. 생각하며 푼다! 382, 356, 738

   답 738명

3. 생각하며 푼다!

   예 (지난달과 이번 달에 판 케이크 수)

   ＝(지난달에 판 케이크 수)

   　＋(이번 달에 판 케이크 수)

   ＝281＋339＝620(개)

   답 620개

 03. 세 자리 수의 덧셈 (3)

18쪽

1. 생각하며 푼다! 648, 216, 864

   답 864개

2. 생각하며 푼다! 479, 124, 603

   답 603명

3. 생각하며 푼다!

   예 (감나무 수)

   ＝(사과나무 수)＋(사과나무보다 더 많은 수)

   ＝367＋253＝620(그루)

   답 620그루

19쪽

1. 생각하며 푼다! 383, 245, 628, 383, 628,
   　　　　　　　1011

   답 1011송이

2. 생각하며 푼다! 196, 258, 454, 196, 454, 650

   답 650개

20쪽

1. 생각하며 푼다! 286, 152, 438, 286, 438, 724

   답 724 cm

2. 생각하며 푼다! 395, 273, 668, 395, 668,
   　　　　　　　1063

   답 1063 cm

21쪽

1. 생각하며 푼다! 4, 426, 3, 285, 426, 285, 711

   답 711개

2. 생각하며 푼다! 화, 179, 목, 128, 179, 128, 307

   답 307번

22쪽

1.
$$\begin{array}{r} 7\,5\,1 \\ -\ 3\,2\,4 \\ \hline 4\,2\,7 \end{array}$$
십, 십, 받아내림한

2.
$$\begin{array}{r} 8\,2\,3 \\ -\ 4\,5\,7 \\ \hline 3\,6\,6 \end{array}$$
십, 백, 받아내림한

3.
$$\begin{array}{r} 5\,0\,6 \\ -\ 2\,4\,8 \\ \hline 2\,5\,8 \end{array}$$
십, 백, 받아내림한 수를 빼지 않았습니다.

23쪽

1. 생각하며 푼다! 367
   답 367
2. 168
3. 532
4. 생각하며 푼다! 924, 924, 924, 348
   답 348

24쪽

1. 생각하며 푼다! 618, 245, 618, 245, 373
   답 373
2. 생각하며 푼다! 818, 216, 818, 216, 602
   답 602
3. 생각하며 푼다!
   예 ㉠ 913보다 237 작은 수는 676이고,
   ㉡ 749보다 562 작은 수는 187입니다.
   따라서 ㉠과 ㉡의 차는 676-187=489입니다.
   답 489

25쪽

1. 생각하며 푼다! 754, 405, 754, 405, 349
   답 349
2. 생각하며 푼다! 963, 136, 963, 136, 827
   답 827
3. 생각하며 푼다!
   예 만들 수 있는 가장 큰 수는 852이고, 가장 작은 수는 125입니다.
   따라서 두 수의 차는 852-125=727입니다.
   답 727

26쪽

1. 생각하며 푼다! 746, 125, 621
   답 621권
2. 생각하며 푼다! 872, 156, 716
   답 716명
3. 생각하며 푼다!
   예 (남은 공책 수)
   =(처음에 있던 공책 수)-(판 공책 수)
   =502-375=127(권)
   답 127권

27쪽

1. 생각하며 푼다! 300, 300, 138, 162
   답 162 cm
2. 생각하며 푼다! 785, 629, 156
   답 156 m
3. 생각하며 푼다!
   예 (더 많은 수)
   =(야구장에 입장한 남자 수)
   -(야구장에 입장한 여자 수)
   =942-273=669(명)
   답 669명

1. 생각하며 푼다! 314, 182, 132

   답 132번

2. 생각하며 푼다! 853, 127, 726

   답 726명

3. 생각하며 푼다!

   예 (만든 크림빵의 수)

   =(만든 피자빵의 수)−(더 적게 만든 빵의 수)

   =412−163=249(개)

   답 249개

1. 생각하며 푼다! 석희, 296, 진우, 149, 296, 149, 147

   답 147표

2. 생각하며 푼다! 준수, 427, 시영, 249, 427, 249, 178

   답 178원

06. 세 자리 수의 뺄셈 (3)

1. 생각하며 푼다! 224, 195, 419, 245, 178, 423, 백군, 423, 419, 4

   답 백군, 4개

2. 생각하며 푼다! 582, 294, 876, 483, 419, 902, 희망, 902, 876, 26

   답 희망 마을, 26명

1. 생각하며 푼다! 526, 142, 668, 668, 392, 276

   답 276명

2. 생각하며 푼다!

   예 (학교에서 가게까지의 거리)

   =(학교에서 문구점까지의 거리)+(더 먼 거리)

   =346+275=621 (m)

   (학교에서 공원까지의 거리)

   =(학교에서 가게까지의 거리)

   −(더 가까운 거리)

   =621−152=469 (m)

   답 469 m

1. 생각하며 푼다! 318, 318

   답 318

2. 생각하며 푼다! 820, 820

   답 820

3. 생각하며 푼다!

   예 어떤 수를 □라 하면

   □+196=473, □=473−196=277입니다.

   따라서 어떤 수는 277입니다.

   답 277

1. 생각하며 푼다! 539, 539, 539, 322

   답 322

2. 생각하며 푼다! 557, 557, 557, 939

   답 939

3. 생각하며 푼다!

   예 어떤 수를 □라 하면

   □−268=619, □=619+268=887이므로 어떤 수는 887입니다.

   따라서 바르게 계산한 값은

   887+268=1155입니다.

   답 1155

1. 888
2. 1572 m
3. 941명
4. 916개
5. 566
6. 247권
7. 368명
8. 186

1. 만들 수 있는 가장 큰 수는 653이고, 가장 작은 수
   는 235입니다.

   따라서 두 수의 합은 653+235=888입니다.
2. 786+786=1572 (m)
3. 482+459=941(명)
4. (오후에 딴 사과 수)

   =(오전에 딴 사과 수)+(더 딴 사과 수)

   =274+368=642(개)

   (오늘 딴 사과 수)

   =(오전에 딴 사과 수)+(오후에 딴 사과 수)

   =274+642=916(개)
5. 100이 8, 10이 5, 1이 2인 수는 852이므로
   852보다 286 작은 수는 852−286=566입
   니다.
6. 410−163=247(권)
7. 627−259=368(명)
8. 어떤 수를 □라 하면 □+178=542,

   □=542−178=364이므로 어떤 수는 364입
   니다.

   따라서 바르게 계산한 값은 364−178=186입
   니다.

 둘째 마당·평면도형

07. 선분, 반직선, 직선

36쪽

1. • 굽은 선
   • 곧은 선
   • 반듯하게 쭉 뻗은 선
2. • 선분
   • 곧게
   • 두 점을 곧게 이은 선
3. • 선분 ㄴㄱ
   • 선분 ㄱㄴ, 선분 ㄴㄱ

37쪽

1. • 반직선
   • 한쪽으로
   • 한 점에서 시작하여 한쪽으로 끝없이 늘인 곧은 선
2. (1) • ㄱ, ㄴ, 반직선 ㄱㄴ
       • 점 ㄱ에서 시작하여 점 ㄴ을 지나는 반직선
   (2) • ㄹ, ㄷ, 반직선 ㄹㄷ
       • 점 ㄹ에서 시작하여 점 ㄷ을 지나는 반직선

38쪽

1. • 직선
   • 선분을 양쪽으로 끝없이
   • 선분을 양쪽으로 끝없이 늘인 곧은 선
2. • 직선 ㄴㄱ
   • 직선 ㄱㄴ, 직선 ㄴㄱ
3. (1) ① 직선 ㅁㅂ   ② 직선 ㅂㅁ
   (2) ① 선분 ㅅㅇ   ② 선분 ㅇㅅ
   (3) 반직선 ㅊㅈ

39쪽

1. 선분, 직선
2. 직선, 반직선
3. 반직선, 선분
4. 반직선, 직선
5. 선분
6. 직선

08. 각, 직각, 직각삼각형

40쪽

1. (1) 각
   (2) 두 반직선
   (3) 각 ㄱㄴㄷ, 각 ㄷㄴㄱ
   (4) 꼭짓점
   (5) 변
   (6) 변 ㄴㄱ, 변 ㄴㄷ
2. (1) 각: 각 ㄷㄹㅁ 또는 각 ㅁㄹㄷ,
   각의 변: 변 ㄹㄷ, 변 ㄹㅁ
   (2) 각: 각 ㄹㄷㅁ 또는 각 ㅁㄷㄹ,
   각의 변: 변 ㄷㄹ, 변 ㄷㅁ
   (3) 각: 각 ㄷㅁㄹ 또는 각 ㄹㅁㄷ,
   각의 변: 변 ㅁㄷ, 변 ㅁㄹ

41쪽

1. 두 직선이 한 점에서 만나지 않았으므로 각이 아닙니다.
2. 직선이 아닌 곡선으로 이루어졌으므로 각이 아닙니다.
3. 반직선 2개로 이루어져야 하는데 곡선이 1개 있으므로 각이 아닙니다.

42쪽

1. 직각
2. 직각, 직각, 직각 삼각자
3. 꼭짓점 ㄴ

43쪽

1. (1) 직각삼각형
   (2) 한 각이 직각
2. (1) 한 각이 직각인 삼각형
   (2) 한 각이 직각인 삼각형이 아닙니다.

09. 직사각형, 정사각형

44쪽

1. (1) 직사각형
   (2) 네 각이 모두 직각
2. (1) 네 각이 모두 직각인 사각형
   (2) 네 각이 모두 직각인 사각형이 아닙니다.

45쪽

1. (1) 직각, 네, 정사각형
   (2) 모두 직각, 네 변의 길이
2. (1) 네 각이 모두 직각
   (2) 네 변의 길이가 모두 같은

46쪽

1. 직사각형, 네 각이 모두 직각
2. 정사각형, 모두 직각, 네 변의 길이

47쪽

1. 생각하며 푼다! 네, 4, 12
   답 12 cm
2. 생각하며 푼다! 네 변의 길이, 10, 4, 40
   답 40 cm
3. 생각하며 푼다!
   예 정사각형은 네 변의 길이가 모두 같으므로 네 변의 길이의 합은 5 m의 4배인 20 m입니다.
   따라서 울타리는 모두 20 m가 필요합니다.
   답 20 m

 단원평가 이렇게 나와요! **48쪽**

1. 선분, 반직선, 직선
2. 반직선 ㄷㄹ
3. (위에서부터) 변, 꼭짓점, 변
4. 직각
5. 한 각이 직각
6. 직사각형
7. 예 네 변의 길이가 모두 같지만 네 각이 모두 직각이 아닙니다.
8. 16 cm

셋째 마당 · 나눗셈

 10. 똑같이 나누기

50쪽

1. 2, 6
3. 3, 9
5. 48, 8, 6

2. 8, 3
4. 6, 5

51쪽

1. 식 24, 6, 4
답 4개
2. 식 36, 9, 4
답 4개
3. 식 40, 5, 8
답 8마리
4. 식 56, 7, 8
답 8개

52쪽

1. 7, 2
3. 3, 7
5. 63, 9, 7

2. 5, 3
4. 8, 4

53쪽

1. 식 18, 3, 6
답 6명
2. 식 24, 4, 6
답 6접시
3. 식 35, 7, 5
답 5상자
4. 식 72, 8, 9
답 9장

11. 곱셈과 나눗셈의 관계, 나눗셈의 몫을 곱셈식으로 구하기

54쪽

1. (1) 식 18, 2, 9
답 9개
(2) 식 18, 9, 2
답 2봉지
2. (1) 식 24, 3, 8
답 8개
(2) 식 24, 8, 3
답 3명

55쪽

1. (1) 4, 5, 20
(2) 5, 5
(3) 5, 5, 4
2. (1) 9, 6, 54
(2) 6, 6
(3) 6, 6, 9

56쪽

1. 나눗셈식 9
곱셈식 9
답 9명
2. 나눗셈식 4, 8
곱셈식 8
답 8명
3. 나눗셈식 48÷8=6
곱셈식 8×6=48
답 6상자
4. 나눗셈식 72÷9=8
곱셈식 9×8=72
답 8접시

1. 나눗셈식 $16 \div 8 = 2$

   곱셈식 $8 \times 2 = 16$

   답 2개

2. 나눗셈식 $24 \div 4 = 6$

   곱셈식 $4 \times 6 = 24$

   답 6대

3. 나눗셈식 $45 \div 9 = 5$

   곱셈식 $9 \times 5 = 45$

   답 5일

4. 나눗셈식 $54 \div 6 = 9$

   곱셈식 $6 \times 9 = 54$

   답 9명

12. 나눗셈의 몫을 곱셈구구로 구하기

58쪽

1. 식 $36 \div 6 = 6$

   답 6개

2. 식 $42 \div 7 = 6$

   답 6 cm

3. 식 $63 \div 9 = 7$

   답 7개

4. 예 문제 딸기가 12개 있습니다. 4접시에 똑같이
   나누어 담으면 한 접시에 딸기 몇 개를 담
   을 수 있을까요?

   식 $12 \div 4 = 3$

   답 3개

59쪽

1. 식 $30 \div 5 = 6$

   답 6칸

2. 식 $36 \div 9 = 4$

   답 4명

3. 식 $72 \div 8 = 9$

   답 9모둠

4. 예 문제 멜론이 28개 있습니다. 한 상자에 4개씩
   나누어 담으면 몇 상자에 나누어 담을 수
   있을까요?

   식 $28 \div 4 = 7$

   답 7상자

60쪽

1. 식 $12 \div 4 = 3$

   답 3장

2. 식 $30 \div 6 = 5$

   답 5개

3. 식 $32 \div 8 = 4$

   답 4개

4. 예 문제 놀이기구 한 대에 5명이 탈 수 있습니다.
   어린이 20명이 타려면 놀이기구 몇 대가
   필요할까요?

   식 $20 \div 5 = 4$

   답 4대

61쪽

1. 생각하며 푼다! 19, 17, 36, 36, 9, 4

   답 4개

2. 생각하며 푼다! 24, 18, 42, 42, 6, 7

   답 7명

3. 생각하며 푼다!

   예 전체 학생 수는 $47 + 16 = 63$(명)입니다.

   (한 모둠에 있는 학생 수)

   $=$(전체 학생 수)$\div$(모둠 수)$= 63 \div 7 = 9$(명)

   답 9명

 단원평가 이렇게 나와요! 62쪽

1. 8주   2. 9개   3. 6개

4. 4명   5. 6개   6. 9모둠

7. 8 cm   8. 7상자   9. 8명

9. 전체 구슬 수는 $19 + 37 = 56$(개)입니다.

   (나누어 줄 수 있는 학생 수)

   $= 56 \div 7 = 8$(명)

넷째 마당·곱셈

13. (몇십)×(몇), 올림이 없는 (몇십몇)×(몇)

64쪽

1. 생각하며 푼다! 50, 2, 100
   답 100장
2. 생각하며 푼다! 20, 7, 140
   답 140개
3. 생각하며 푼다! 30, 4, 120
   답 120개

65쪽

1. 생각하며 푼다! 10, 4, 40, 40, 2, 80
   답 80장
2. 생각하며 푼다! 20, 3, 60, 60, 4, 240
   답 240 cm

66쪽

1. 생각하며 푼다! 34, 2, 68
   답 68개
2. 생각하며 푼다! 41, 2, 82
   답 82세
3. 생각하며 푼다! 32, 2, 64
   답 64개

67쪽

1. 생각하며 푼다! 10, 13, 13, 39, 10, 50, 10, 13,
   39, 50, 112
   답 112살
2. 생각하며 푼다! 30, 34, 34, 68, 30, 90, 30, 34,
   68, 90, 222
   답 222개

14. 십의 자리에서 올림이 있는 (몇십몇)×(몇)

68쪽

1. 생각하며 푼다! 31, 8, 248, 248
   답 248명
2. 생각하며 푼다! 42, 4, 168, 168
   답 168권
3. 생각하며 푼다!
   예 64×2=128 (cm)
   따라서 미술 시간에 사용한 리본 테이프는 모두
   128 cm입니다.
   답 128 cm

69쪽

1. 생각하며 푼다! 21, 6, 126
   답 126쪽
2. 생각하며 푼다! 72, 3, 216
   답 216번
3. 생각하며 푼다! 92, 4, 368
   답 368 m

70쪽

1. 생각하며 푼다! 41, 5, 205
   답 205개
2. 생각하며 푼다! 32, 4, 128
   답 128개
3. 생각하며 푼다! 83, 3, 249
   답 249개

71쪽

1. 생각하며 푼다! 52, 3, 156, 73, 2, 146, 156, 146, 302

   답 302개

2. 생각하며 푼다! 62, 3, 186, 84, 2, 168, 186, 168, 354

   답 354번

3. 생각하며 푼다!

   예 (삼각자 수)=31×5=155(개)
   (지우개 수)=42×4=168(개)
   (삼각자와 지우개 수)=155+168
   =323(개)

   답 323개

---

15. 일의 자리에서 올림이 있는 (몇십몇)×(몇)

72쪽

1. 생각하며 푼다! 12, 6, 72, 72

   답 72자루

2. 생각하며 푼다! 19, 3, 57, 57

   답 57개

3. 생각하며 푼다!

   예 14×5=70(마리)
   따라서 고등어는 모두 70마리입니다.

   답 70마리

73쪽

1. 생각하며 푼다! 25, 3, 75

   답 75문제

2. 생각하며 푼다! 14, 7, 98

   답 98쪽

3. 생각하며 푼다! 하루에, 날수, 18, 4, 72

   답 72개

74쪽

1. 생각하며 푼다! 13, 5, 65

   답 65번

2. 생각하며 푼다! 민서, 4, 19, 4, 76

   답 76개

3. 생각하며 푼다! 13, 3, 39, 39, 2, 78

   답 78살

75쪽

1. 생각하며 푼다! 12, 8, 96, 16, 4, 64, 키위, 96, 64, 32

   답 키위, 32개

2. 생각하며 푼다! 13, 6, 78, 17, 5, 85, 현서, 85, 78, 7

   답 현서, 7쪽

3. 생각하며 푼다! 14, 3, 42, 19, 2, 38, 42, 38, 80

   답 80개

---

16. 십, 일의 자리에서 올림이 있는 (몇십몇)×(몇)

76쪽

1. 생각하며 푼다! 114, 114, 7, 8, 9

   답 7, 8, 9

2. 생각하며 푼다! 90, 90, 6, 1, 2, 3, 4, 5

   답 1, 2, 3, 4, 5

3. 생각하며 푼다! 68, 68, 28, 56, 84, 3, 1, 2

   답 1, 2

77쪽

1. 생각하며 푼다! 29, 8, 232

   답 232명

2. 생각하며 푼다! 36, 4, 144

   답 144개

3. 생각하며 푼다! 45, 6, 270

   답 270명

1. 생각하며 푼다! 43, 7, 36, 36, 7, 252

   답 252

2. 생각하며 푼다! 56, 8, 64, 64, 8, 512

   답 512

3. 생각하며 푼다!

   예 어떤 수를 □라 하면

   □+3=51이므로 □=51-3=48입니다.

   따라서 바르게 계산하면 48×3=144입니다.

   답 144

1. 생각하며 푼다! 큰, 십, 9, 4, 2, 42, 9, 378

   답 42×9=378

2. 생각하며 푼다! 작은, 십, 일, 8, 5, 3, 58, 3, 174

   답 58×3=174

단원평가 이렇게 나와요!　**80쪽**

1. 120개   2. 86세   3. 328번

4. 159개   5. 90쪽   6. 배, 20개

7. 344명   8. 282

9. 73×9=657

1. 30×4=120(개)

2. 43×2=86(세)

3. 82×4=328(번)

4. 53×3=159(개)

5. 18×5=90(쪽)

6. (사과의 수)=16×4=64(개)

   (배의 수)=12×7=84(개)

   따라서 배가 84-64=20(개) 더 많습니다.

7. 43×8=344(명)

8. 어떤 수를 □라 하면 □+6=53이므로

   □=53-6=47입니다.

   따라서 바르게 계산하면 47×6=282입니다.

9. 큰 수부터 차례로 수를 비교하면 9>7>3이므로

   곱이 가장 큰 곱셈식은 73×9=657입니다.

다섯째 마당·길이와 시간

17. 1 cm보다 작은 단위, 1 m보다 큰 단위

1. 20, 26   2. 50, 5, 3

3. 41   4. 7, 8

5. 69   6. 1, 7

7. 10   8. 8, 5

9. 36   10. 9, 4

1. 3000, 3700   2. 2000, 2, 800

3. 1865   4. 7, 845

5. 6027   6. 4, 190

7. 8304   8. 5, 29

9. 9703   10. 6, 24

1. 생각하며 푼다! 1, 800, 1, 800, 1000, 800,
   1800, 1800

   답 1800 m

2. 생각하며 푼다! 2, 570, 2, 570, 2000, 570,
   2570, 2570

   답 2570 m

3. 생각하며 푼다!

   예 6 km보다 30 m 더 먼 거리는

   6 km 30 m입니다.

   6 km 30 m=6000 m+30 m

   =6030 m

   따라서 집에서 야구장까지의 거리는 6030 m
   입니다.

   답 6030 m

1. 생각하며 푼다! 4, 200, 4, 200, 4, 190

   답 ㉠

2. 생각하며 푼다! 7059, 7501, 7059

   답 ㉡

3. 생각하며 푼다!

   예 6 km 10 m= 6010 m이므로
   6001 m<6010 m입니다.

   답 ㉡

4. 생각하며 푼다!

   예 9 km 680 m= 9680 m이므로
   9680 m>9086 m입니다.

   답 ㉠

18. 1분보다 작은 단위, 시간의 덧셈과 뺄셈 (1)

1. 60, 90
2. 120, 165
3. 200
4. 60, 40, 1, 40
5. 20, 3, 20
6. 2, 45
7. 245
8. 4, 35
9. 330
10. 6, 40

1. 2, 55
2. 5, 45
3. 25
4. 1, 25

1. 생각하며 푼다! 10, 35, 27

   답 10시 35분 27초

2. 생각하며 푼다! 1, 46, 45

   답 1시 46분 45초

3. 생각하며 푼다!

   예 (운동이 끝난 시각)
   =(운동을 시작한 시각)+(운동을 한 시간)
   =8시 20분 35초+ 35분 10초
   =8시 55분 45초

   답 8시 55분 45초

1. 생각하며 푼다! 4, 30

   답 4시간 30분

2. 생각하며 푼다! 26, 20

   답 26분 20초

3. 생각하며 푼다!

   예 (축구 연습을 한 시간)
   =(축구 연습을 끝낸 시각)
      -(축구 연습을 시작한 시각)
   =5시 50분 45초-3시 15분 20초
   =2시간 35분 25초

   답 2시간 35분 25초

19. 시간의 덧셈과 뺄셈 (2)

1. 생각하며 푼다! 1, 37

   답 7시 37분

2. 생각하며 푼다! 1, 3

   답 3시

3. 생각하며 푼다! 1, 11, 3

   답 11시 3분

91쪽

1. 생각하며 푼다! 1, 4, 15, 4, 15

   답 4시 15분

2. 생각하며 푼다! 1, 7, 25, 7, 25

   답 7시 25분

3. 생각하며 푼다!

   예 5시 55분에서 15분을 더하면 5시 70분이고,
   60분은 1시간과 같으므로 5시 70분은 6시
   10분과 같습니다.
   따라서 만화 영화는 6시 10분에 끝납니다.

   답 6시 10분

92쪽

1. 생각하며 푼다! 1, 25

   답 1시간 25분

2. 생각하며 푼다! 40, 35

   답 40분 35초

3. 생각하며 푼다! 4, 3, 55

   답 3시 55분

93쪽

1. 생각하며 푼다! 4, 17, 14, 23, 지태, 14, 23, 4,
   17, 10, 6

   답 지태, 10분 6초

2. 생각하며 푼다! 22, 13, 31, 25, 시윤, 31, 25,
   22, 13, 9, 12

   답 시윤, 9분 12초

 단원평가 이렇게 나와요! **94쪽**

1. 7, 3   2. 6040
3. 3250 m   4. 25분 52초
5. 7시 29분 45초   6. 23분 23초
7. 5시   8. 2시 10분
9. 7시 55분

 여섯째 마당·분수와 소수

20. 분수 알아보기

96쪽

1. 4, 3   2. 6, 2
3. 7, 4   4. 8, 7
5. 12, 5

97쪽

1. $\frac{2}{5}$, 5, 2, $\frac{2}{5}$, 5, 2   2. 4, 1, $\frac{1}{4}$, 4, 1

3. 8, 3, $\frac{3}{8}$, 8, 3   4. 6, 5, $\frac{5}{6}$, 6분의 5

5. 9, 7, $\frac{7}{9}$, 9분의 7

98쪽

1. $\frac{1}{3}$, $\frac{2}{3}$ 2. $\frac{3}{4}$, $\frac{1}{4}$

3. $\frac{3}{7}$, $\frac{4}{7}$ 4. $\frac{1}{9}$, $\frac{8}{9}$

5. $\frac{3}{10}$, $\frac{7}{10}$

99쪽

1. 3, 3조각   2. 4, 4조각
3. 5, 5조각

21. 분모가 같은 분수, 단위분수의 크기 비교하기

100쪽

1. 생각하며 푼다! 2, 5, $\frac{3}{7}$, $\frac{4}{7}$

   답 $\frac{3}{7}$, $\frac{4}{7}$

2. 생각하며 푼다! 7, 12, $\frac{8}{13}$, $\frac{9}{13}$, $\frac{10}{13}$, $\frac{11}{13}$, 4

   답 4개

3. 생각하며 푼다!

예 분모가 8인 분수 중에서 $\frac{3}{8}$보다 크고 $\frac{6}{8}$보다 작으려면 분자가 3보다 크고 6보다 작아야 합니다. 따라서 구하는 분수는 $\frac{4}{8}$, $\frac{5}{8}$로 모두 2개입니다.

답 2개

101쪽

1. 생각하며 푼다! 9, 5, 5, 9, 단위, $\frac{1}{6}$, $\frac{1}{7}$, $\frac{1}{8}$

답 $\frac{1}{6}$, $\frac{1}{7}$, $\frac{1}{8}$

2. 생각하며 푼다! 12, 9, 9, 12, 단위, $\frac{1}{10}$, $\frac{1}{11}$

답 $\frac{1}{10}$, $\frac{1}{11}$

3. $\frac{1}{4}$, $\frac{1}{5}$, $\frac{1}{6}$

----

3. $\frac{1}{7}$보다 큰 단위분수이므로 분모는 7보다 작은 수이고, $\frac{1}{3}$보다 작은 단위분수이므로 분모는 3보다 큰 수입니다.

따라서 분모가 3보다 크고 7보다 작은 단위분수는 $\frac{1}{4}$, $\frac{1}{5}$, $\frac{1}{6}$입니다.

102쪽

1. 생각하며 푼다! 4, 5, $\frac{5}{9}$, $\frac{4}{9}$, 경원

답 경원

2. 생각하며 푼다! $\frac{7}{15}$, $\frac{8}{15}$, $\frac{7}{15}$, 민서

답 민서

3. 학교

----

3. $\frac{3}{8}$은 $\frac{1}{8}$이 3개, $\frac{5}{8}$는 $\frac{1}{8}$이 5개이므로 $\frac{3}{8} < \frac{5}{8}$입니다.

따라서 성국이네 집에서 더 가까운 곳은 학교입니다.

103쪽

1. 생각하며 푼다! 작을, $\frac{1}{4}$, $\frac{1}{6}$, 시우

답 시우

2. 생각하며 푼다! $\frac{1}{7}$, $\frac{1}{8}$, 수지

답 수지

3. 생각하며 푼다! $\frac{1}{9}$, $\frac{1}{12}$, 성민

답 성민

22. 소수 알아보기

104쪽

1. 6	2. 13
3. 0.1	4. 0.9
5. 2.5	6. 62
7. 7	8. 18
9. 8.4	10. 5.9

105쪽

1. 0.5	2. 2.8
3. 45, 4.5	4. 7.6
5. 9.7	6. 1.6
7. 8.9	8. 6.2
9. 7.5	10. 3.7

106쪽

1. 생각하며 푼다! 0.1, 4, 0.4, 6, 0.6

답 0.4 m, 0.6 m

2. 생각하며 푼다! 0.1, 7, 0.7, 3, 0.3

답 0.7조각, 0.3조각

3. 생각하며 푼다!

예 1 m를 똑같이 10조각으로 나눈 것 중 1조각은 0.1 m입니다. 그중 9조각은 0.1이 9개이므로 0.9 m, 1조각은 0.1이 1개이므로 0.1 m입니다.

답 0.9 m, 0.1 m

1. 생각하며 푼다! 0.1, 0.1, 5, 0.5, 0.5

   답 0.5 cm

2. 생각하며 푼다! 0.1, 28, 0.1, 28, 2.8, 2.8

   답 2.8 cm

3. 생각하며 푼다! 0.1, 0.1, 72, 7.2, 7.2

   답 7.2 cm

23. 소수의 크기 비교하기

108쪽

1. 생각하며 푼다! 53, 5.6, 56, 53, 56

   답 ㉡

2. 생각하며 푼다! 4.1, 3.6, 4.1, 3.6

   답 ㉠

3. 생각하며 푼다!

   예 ㉠은 6.9이므로 0.1이 69개이고,
   ㉡은 0.1이 74개이므로 0.1의 개수를 비교하
   면 69개<74개입니다.

   답 ㉡

4. 생각하며 푼다!

   예 ㉠은 8.2이고, ㉡은 7.8이므로 자연수의 크기를
   비교하면 8.2가 7.8보다 큽니다.

   답 ㉠

109쪽

1. 생각하며 푼다! 4, 1, 2, 3, 3

   답 3개

2. 생각하며 푼다! 오른쪽, 5, 6, 7, 8, 9, 4

   답 4개

3. 생각하며 푼다!

   예 자연수가 같으므로 소수점 오른쪽 수를 비교하면
   □<5이어야 합니다.
   따라서 □ 안에 들어갈 수 있는 수는 1, 2, 3, 4로
   모두 4개입니다.

   답 4개

110쪽

1. 생각하며 푼다! 7, 4, 1, 7, 4

   답 7.4

2. 생각하며 푼다! 3, 6, 8, 3, 6

   답 3.6

3. 생각하며 푼다!

   예 9>5>2이므로 가장 큰 소수 한 자리 수는 9.5
   입니다.
   2<5<9이므로 가장 작은 소수 한 자리 수는
   2.5입니다.

   답 9.5, 2.5

111쪽

1. 생각하며 푼다! 7.8, 7.8, 8.2, 7.8, 주한

   답 주한

2. 생각하며 푼다! 3.7, 3.7, 3.7, 3.4, 수아

   답 수아

3. 생각하며 푼다!

   예 9 cm 1 mm=9.1 cm이므로 9.1과 8.9의
   크기를 비교하면 9.1>8.9입니다.
   따라서 빨간색 테이프의 길이가 더 깁니다.

   답 빨간색 테이프

 단원평가 이렇게 나와요!   112쪽

1. $\dfrac{2}{7}$, $\dfrac{5}{7}$ 2. 2조각

3. $\dfrac{6}{11}$, $\dfrac{7}{11}$, $\dfrac{8}{11}$ 4. 시우

5. $\dfrac{5}{12}$, $\dfrac{7}{12}$ 6. 7.4 cm

7. 4개   8. 상민